職場女性

必須知道的
15個謊言

15 Lies Women Are Told at Work:
... And the Truth We Need to Succeed

邦妮‧漢默 Bonnie Hammer／著　　倪嬰琪／譯

**美國最有權力女企業家顛覆傳統職場智慧，
獻給妳一生受用的諫言**

致我最初的三位人生導師：

我的母親：教導我、養育我、引導我、穩定我

我的父親：教會我沒有什麼事「做不到」

我的哥哥：教我情況變艱難時要更堅韌

目錄

前言

　　我在雲霄飛車上倒掛著時，決定要寫這本書。

　　2022 年 3 月，我已在 NBC 環球集團工作超過 30 年，我和其他高階主管一起參加在奧蘭多舉辦的年度高階主管會議。

　　當業務暨營運部門主管在挑戰我敢不敢搭新設施——侏儸紀世界雲霄飛車時，大家正「輕鬆地」在環球影城冒險島主題樂園玩。無論如何，我難以拒絕這個挑戰。搭乘的體驗如妳想像，以時速 112 公里的車速迴繞 4 圈、47 公尺高的急速降落，周圍還有機械恐龍。我的搭乘紀念照說明一切：頭髮亂飛、像是在跳傘的臉和嚇壞的表情，總結就是一句「我到底在幹嘛？」

　　然而當我倒掛著時，想的不是這個。隨著快速穿梭史前洞穴、經過恐龍時尖叫到喉嚨痛，我腦海中只想著「雲霄飛車上有那麼多男人在快樂地又叫又笑，享受刺激和快感，女人都到哪去了？」

　　愈是深思我愈明白，女性對自己有個明顯的誤解，那就是如果我們想要別人認真地看待我們，我們就必須嚴肅地對待自己。認為唯有堅守本份，不把工作和玩樂混為一談，最重要的是，避免在工作上經歷有如雲霄飛車般的高低起伏，才能成為高效且受尊敬的領導者。這

是個錯誤觀念。七十多年的生命經驗教會我一個完全相反的觀念：勇敢冒險、享受樂趣、放鬆自己、大膽嘗試，並真誠地成為妳所帶領的團隊的一分子……這些事不會造就軟弱的領導者，反而能塑造優秀的領導者。

當我走下雲霄飛車時，我開始思考那些女性在職場上聽到的僵化觀念和似是而非的謊言。一旦開啟思考，我就再也停不下來。

職涯裡的每個階段，無論是初入職場、即將第一次升職，或是邁向高層職位的過程，很多人，尤其是女性都對許多建立在精闢格言、口號和座右銘的「規則」深信不疑。這些話聽起來很很有道理，朗朗上口，簡直是非常容易依樣畫葫蘆的腳本，像是經過時間考驗的教戰手則。

理論上，這些觀念好像挺合理的，但實際上卻是充滿危險和陳腔濫調的職場操作手冊。

這是我寫這本書的原因：揭穿這些陳腔濫調。這類傳統「忠告」有些相對無害，例如工作中不要尋求樂趣，或是放棄在雲霄飛車上又笑又叫 3 分鐘的機會。然而，大部分忠告實際上都或大或小地阻礙女性進步。整體來看，足以解釋為什麼在所有產業中，每位成功的女性領導者背後，都有成千上萬未能成功的女性。（小提示：並非因為她們不夠「積極向上」。）

當然，這不是要與性別主義脫鉤，性別歧視仍微妙又非常明顯地存在於各個產業內傷害女性。相信我，作為一名在美國企業工作的女

性，我對這個問題非常清楚，但問題全都與性別歧視有關嗎？這也是無稽之談。

現今職場中所需要的不是空洞的口號、不切實際的承諾、更多的警語，或是一套號稱適用所有公司但實際上一點也不適合任何人的十大戒律。我們只需要有人告訴我們真相，即使是傷人的真相也沒關係，並協助我們過濾掉其他訊息。

某種程度上，我的工作讓我極其適合做這件事。從 1970 年代起，從有線電視初期到現在隨處可看的多媒體時代，我一直在電視史上重要的里程碑及運動中擔任幕後推手。在娛樂業工作帶給我許多精采有趣的故事，而我在這個變化快速的產業裡學到的經驗，適用於所有專業領域。無論妳是在成立已久的大企業、新創小型企業，或是介於兩者之間任何規模的企業。

從我在波士頓公共電視擔任「製作助理」的第一份工作開始，我必須在兒童節目結束後負責清理毛髮蓬亂的狗明星（牠的薪水比我還高），一路跌跌撞撞，偶爾摔得鼻青臉腫，最終在競爭激烈又無情的媒體娛樂業中發光發亮。（全美國一度有高達 1 億 2900 萬觀眾每週會觀看我負責的頻道。）

無論妳信不信，我是將 WWE 美國職業摔角從冷門運動轉變成男性肥皂劇的女人。幾年後，我向史蒂芬・史匹柏（Steven Spielberg）提出，他的新劇《天劫》（*Taken*）女童星選角錯誤，建議他改用 10 歲的達科塔・芬妮（Dakota Fanning）。我甚至幫卡黛珊家族（the

Kardashians）在美國打出名堂，也曾決定起用默默無聞的美國女演員在加拿大拍攝的法律劇《無照律師》（Suits）中擔任主角，當該劇在 Netflix 進入全球前十大熱門影集時，梅根（Meghan）已成為英國皇室成員。

我最近的工作是在 NBC 環球集團裡負責推廣影音串流媒體，監管孔雀（Peacock）平台上線，線上節目包括《黃石公園》（Yellowstone）、《溫達普規則》（Vanderpump Rules）、《我們的辦公室》（the Office）和《頂尖主廚大對決》（Top Chef）。在 1990 年代，我發起了得獎的「消弭仇恨」運動，以對抗各種型式的歧視。而今，努力對抗歧視的需求更勝以往。

我曾被稱為「有線電視女王」。而諷刺的是，當我被譽為「好萊塢最有權勢的女人」，這一切都是在我「不聽」多位老闆要求我搬到加州的情況下達成的。我不過是將好故事或讓人感覺良好的故事賣給大眾，即使它不太實際。妳可以說我靠這些賺錢（即使這些被稱為「實境秀」），我深知描繪出一個與現實不同的世界會帶來多麼龐大的價值。但在職場上，情況卻並非如此。

有時，我們只是需要事實，不帶任何引用符號的事實。我們只需要真相，這也就是這本書的本質：真實而不帶濾鏡的實話。因為太多女性在職場上不斷聽到：「追尋妳的夢想」、「瞭解妳的價值」、「假裝它直到成功」、「相信直覺」、「妳可以擁有一切」、「不要把工作和玩樂混為一談」諸如此類的謊言。

我每天都看到這種情況。我從剛踏進電視圈時就開始帶領女性，三十出頭時在波士頓晨間節目《早安！》（*Good Day!*）帶領的全女性團隊，到如今在 NBC 環球集團推行的女性領導力大師課程，我工作的一大部分是在解釋，為何女性一直以來被灌輸的信條其實是導致她們失敗的原因，再教她們如何翻轉這些信條。現在，我希望可以鼓舞每位職場女性，無論身處哪個產業，或位於職涯的哪個階段，都能把本書當成妳沒想過需要的隨身導師……或者，是妳一直迫切需要的那位導師。

　　隨著章節推進，我將探索我們聽到的這些謊言，以研究、真實故事和常識來說明真相究竟為何。我會說明過去的生活經驗如何激發我的洞察力，並以容易理解、實用也適合分享的建議幫妳「搞定」（這個雙關語是故意的*）。

　　全書章節將大致圍繞職涯發展分成 3 個階段。從職場起步，到希望在角色轉換或新領域中脫穎而出，再到挺身而出願意承擔更多職責。不過，其中的建議適用於職場上每個階段的每個人，無論是執行助理、高階管理層，或是介於二者間的所有職位。

　　開始前先聲明，如果妳是在找另一個可遵循的魔法口號，一個承諾妳幾乎可以不費精力且花一半時間就能達到夢想目標的口號，那可

---

* 譯註：原文 Nail it 在這裡是搞定的意思，但因為 Nail 也有釘子的意思，暗示本文所說的建議跟釘子一樣精準有效，作者特意指出此為雙關語，除了強調 Nail 這個字的意思，也增加幽默感。

能要失望了。畢竟,每個職涯都是一段旅程,而職涯旅程幾乎從來不是直線前進,沒有捷徑,也沒有什麼高招,但這正是其價值所在。

　　我的目標是幫助妳盡情享受這段見鬼的旅程,就像我搭乘雲霄飛車一樣。

第一部

起步

如何掌握妳的未來

。辨別夢想何時成為妳的阻礙

。理解妳的價值會不斷變化

。瞭解何為最佳導師

。善用外在來反映內在

。明白「擁有一切」的真正意義

1. 追尋妳的夢想／
掌握妳的機會

我們聽到的：「追尋妳的夢想」

這是大多數人聽到的第一個建議，無論是課堂上的孩子、大學校園裡學生、準備踏入職場的畢業生，或是職場裡的上班族，大家都說工作為了是追求熱情，而不僅是為了薪水。如果我們從事喜歡的工作，錢財與成功都會隨之而來。如果熱愛自己的工作，就不會覺得自己在工作。一切都這麼夢幻嗎？但如果我們沒有找到一份實現自己抱負的工作，也會被視為某種程度的失敗。

事實：「掌握妳的機會」

不一定要追尋夢想才能找到理想工作。我認為事實恰好相反，職涯中的「追尋夢想」可能是個可怕的建議，因為大部分的人在進入職場時，根本不知道自己的夢想是什麼。

我們可能覺得自己知道，甚至可能會很肯定，但到頭來，美國人就是被夢想餵大的，夢想是我們文化聖典的基石，是童話故事、超級英雄故事和無數迪士尼與夢工場電影的本質。這不僅限於小說和幻想，「活出夢想」、「美夢成真」、「夢想中的男（女）人」、「遠超出我最狂野的夢想」這些話是我們詞彙的一部分。運動員會在一路

獲勝闖進總決賽的賽後訪問中說這些話，演員會在握著小金人的得獎感言裡重覆這些詞語，甚至戀愛實境秀的參賽者，也會在收到玫瑰花或晉級至下一集時說這些話。

小時候經常有人問：「妳長大想做什麼？」顯然，我們除了當個孩子之外也沒有其他經驗，何不立志當個職業運動員或是偶像明星？

長大後準備就業時，有些人還是抱持著小時候或青少年時期的夢想，或是找到新夢想。22 歲的我們確實會比 5 歲或 15 歲來得更成熟，思考也更周全。例如，大學時最喜歡的課、在校園徵才活動與招募人員的談話，或是在知識及社交上啟發我們的暑期實習，都讓我們的選擇看似更有邏輯。然而，就像小時候一樣，我們仍然是從別人替我們挑選的一堆選項與有限的經驗中做選擇。

即使對工作的理解更深入，我們對*自身*的瞭解仍然很有限。因此，大多數人並不清楚自己真正想做的事到底是什麼，尤其是剛踏入職場時。這其實非常值得慶祝！生命的意義就是在前進和成長的過程中持續學習，這也是工作的意義：嘗試新事物、認識不同的人、更瞭解自己喜歡什麼、底限在哪裡、哪些事讓我們感到興奮、哪些事讓我們覺得無聊、什麼會讓自己在週一早上充滿喜悅、什麼會讓自己在週日晚上感到恐懼。人生有 1/3 的時間都在工作，所以不把在經濟學課打瞌睡神遊時的幻想當做未來 30 年的工作目標，也是很合理的。

然而，這不但沒有讓我們意識到自己有多麼幸運和自由，反而經常感到茫然。因為我們一直被教育著要從夢想中尋找方向，讓夢想像

北極星般引領我們前進。我們或許還會羨慕那些看似有著堅定夢想，能循著方向前進人生道路的人。

重點來了，夢想工作可能會超乎預期地侷限住我們。在我們踏入職場時，自以為已知道自己想做什麼，並願意不計代價全心付出。其實，這代表著我們認為沒有其他可學習的，對其他事情沒有興趣，沒有什麼能改變我們的想法，也沒有什麼可以讓我們更快樂更充實。這也表示，即使職涯才剛開始，我們已經認定自己在職場上要的是什麼。帶著這樣的心態，就像夢遊一般過人生，可能會忽略一路上其他更大更好，甚至是從沒想過的機運。

就像我們無法成為自己沒見過的樣子，我們也無法夢想自己不知道的事。所以，無論何時，我們對未來的想望都有趨近無限的盲點，包括任何我們從未踏入的產業、不認識的公司，和我們從未嘗試過的職位。

「我不知道」的世界很大，而且會變得越來越大。新產業不斷出現，每天都有新公司成立，愈新的事物，我們愈不可能瞭解。即使瞭解了，也只是更侷限在自己的夢想中，更不可能想踏足不熟悉的領域，反而活在多年前決定好的舒適圈裡，就像安全帶一般，保護我們安全的同時也限制了我們。

另一方面，*沒有致力於特定夢想的人有機會追尋新的機會*。夢想家把自己關起來，非夢想家則保持開放。我們的文化會認為像我們這樣的人很茫然，但是開路最好的方法永遠是保持警覺，依據需求向左

轉、向右轉或是回頭試試另一條路。當我們閉著眼睛懷抱其他夢想時，就無法辦到這一點。

這表示我們應該要丟掉這些夢想嗎？當然不是。即使夢想看似不太實際或不太可能成真，但擁有夢想並緊緊抓住它們一點也沒錯。夢想可以激勵我們、引導我們，並提醒我們什麼是最重要的。而當夢想成真時，那美好的感受是無與倫比的。

不過，擁有夢想和讓夢想支配我們是兩回事。懷抱夢想但對其他機會仍持開放態度，與侷限自己只追求特定夢想之間，有很大的差距。如果較傾向前者的話，對我們和工作都會更好。生命中最刺激、最出乎意料的冒險，往往發生在我們不再克制也不願再受限於原本的想像時。

也許我們接受的意外機會讓我們無路可走，也許它是我們擅長的領域，可能會讓我們真的快樂起來，可能遠超過我們的想像，甚至可能*成為*我們最狂野的夢想。

這與小時候的幻想不同，只有此時我們能真正理解其內涵與要求，無論是否想要，這一切都很可能成真，名副其實的*夢想成真*。

∽ 我的視角

在我職涯高峰期，我被稱為「有線電視女王」，我不是靠追尋夢想才走到這裡，而是靠著放棄小時候、青少年期、醒著、睡著或任何

時候的夢想才走到這裡。

對於生長於五六零年代的我來說，電視不過是個兼職保姆。那是有線電視出現前的年代（比起串流影音就*更早了*），當時只有 3 個頻道可以切換。別誤會，每個頻道我都喜歡，就像喜歡後來的有線電視一樣。我有很多看電視的有趣回憶，那些節目定義了我的童年，像是《我的小瑪吉》（*My Little Margie*）和《靈犬萊西》（*Lassie*），後來我甚至把家裡養的大麥町狗也取了這隻牧羊犬明星的名字。但我並沒有什麼偉大的抱負或是狂野的夢想，想負責為這些電視節目賦予生命。如果說長大後我跟電視之間關係唯一的變化，是從它不再是我的保姆變成陪伴我的孩子，那我也覺得沒問題。

電視是娛樂消遣，攝影則是熱情所在。

我的第一台相機是 12 歲要去紐約的格蘭斯貝參加兒童營隊時收到的禮物，那是一台柯達布朗尼傻瓜相機，1900 年剛上市的時候只賣 1 美元。在接下來的 7 週裡，我帶著相機到處記錄生活：營地、活動、餐廳和販賣部的食物、室友、甚至包括一些我和朋友們覺得很酷的男生（當然沒有很多）。在我八月回家後，我把黑白底片拿去沖洗，並將拍得最好的那些照片寄給遠在美國另一端的好朋友們，其餘照片都掛在我的臥室牆上。這就像是 20 世紀中期版的 Instagram，我深深著迷了。

我喜歡使用相機留住時光的樣子，以及它讓我捕捉情感和說故事的力量。

多年後，我在波士頓大學求學時，仍對攝影非常有興趣。我的相機已經從布朗尼升級成 Nikon 的黑色高檔單眼相機，可以手動調整亮度、快門速度和鏡頭光圈。我選擇新聞攝影做為大學主修，從波士頓大學傳播學院畢業時，我懷抱著在鏡頭後度過一生的夢想踏出校園。

接下來的幾年，我熱情地追逐著我所熱愛的事。畢業後的第一份工作是在知名的匈牙利裔商業攝影師貝拉・柯曼（Bela Kalman）位於紐伯里街的攝影棚，更精確地說，我是在他的暗房工作，負責沖洗和處理照片。沒多久，我的手就被化學藥劑弄得發臭，指甲也永遠黃黃的。在幾乎不見任何光線和缺乏人際互動的情況下，很快就感到精神負荷過重，讓我想收拾包包一走了之。不是我討厭這個工作，只是我們無法彌合彼此的差異。

當我被晉升到「前台」去負責支援貝拉拍攝現場照片時，我非常感謝自己的幸運，讓我有機會可以踏入真正的光線中。然而，當我發現自己對商業攝影毫無興趣時，內心的陽光很快就消散了。某種程度上來說，商業攝影和我喜歡的新聞攝影正好相反，商業攝影較浮誇、失真（或至少扭曲了）、在室內拍攝人造的事物，且都是安排好的。新聞攝影則是公正、反映真實、在戶外以自然光和背景拍攝、捕捉攝影大師亨利・卡蒂耶 - 布列松（Henri Cartier-Bresson）所說的「決定性瞬間」，也就是運用自然的視覺集中，讓每個真實事件具有意義。

自知才剛入門，所以我開始找影像相關產業中其他看起來更適合自己的工作，這讓我接觸到教科書公司霍頓・米夫林（Houghton

Mifflin）的教育部門，成為該公司的攝影編輯。職稱裡有「編輯」二字讓我覺得自己很重要，但事實上，我整天都在翻目錄，試著找到可以與內容互補的完美照片，例如蓋茲堡演說相關段落，或是史丹利一開始有 7 個蘋果、莎莉只剩 2 個蘋果的數學題。這份工作就是分類和配對文字與圖像的連連看遊戲，而我一點也不喜歡。

之後，我試著找新聞攝影相關的工作，但以我微薄的經驗，只能找到那種像是追著救護車跑的冷血律師一樣，趕往犯罪或意外現場拍攝煽情聳動照片的工作，那也不是我想做的。我相信鏡頭是用來揭露事實，而不是拿來剝削利用的。我有興趣的是在最自然，或至少不要過度戲劇化的情況下，捕捉人類情感中的複雜性。

如今我也必須承認，當時不願意退讓的原因是我不想過著窮困藝術家的生活，尤其是我根本沒在做自己熱愛的新聞攝影。不過我還不打算放棄攝影工作，夢想就像毒癮一樣很難戒掉，即使它阻礙我們前行、絆倒我們，甚至讓我們發瘋，我們還是會把責任歸咎於自己。我們滋養多年的夢想不可能是有缺陷或是傷人的，對吧？也許是我們用錯方法了。我告訴自己，只要我在攝影界有更多時間、更多曝光、更多機會，成功、快樂和我迫切渴望的確定感也會隨之而來。

這個想法讓我重新回到波士頓大學攻讀碩士學位，也等於再給自己一年時間玩攝影，並找出將夢想轉變為現實的方法。不過，當時我最重要的經驗卻來自校園外，那是一個為了滿足畢業門檻而隨便找的實習工作。

我的實習工作是在波士頓公共電視台播出的兒童節目《無限工廠》（*Infinity Factory*）擔任自由攝影師，所謂的自由是指我沒收錢 *。而所謂攝影師，是指我在攝影棚內追著節目裡的孩子和狗明星，盡可能拍出他們自然的樣子，經常要拜託（但幾乎從來沒成功過）這些孩子和狗稍微停一下。

　　幾乎所有這個節目的相關宣傳都出現過我拍的照片，包括在《時代》（*Time*）雜誌和《波士頓環球報》（*Boston Globe*）的報導。這微小的成功滋味非常美好，讓我想起當初的攝影夢從何而來。

　　隨著即將畢業和實習結束，命運出現了扭轉。節目的 3 個製作助理被開除了，而我得到一個工作機會，從現場攝影的免費勞力變成全職員工，取代其中一個製作助理，這也是電視圈裡最底層的一環。那時我幾乎對這個產業毫無認識，但我確實知道，從我第一次踏進節目攝影棚起，空氣中有種我想要繼續吸收、學習和探索的氛圍。況且，我確實需要一份工作。

　　我評估了一下選項：還沒有什麼進展的夢想 VS. 天曉得會有什麼發展的機會。我決定把時間用在喊「燈光、攝影、開始」，而不是整天喊著「西瓜甜不甜？」。我決定暫別攝影生涯，接受製作助理的工作，向電視業說哈囉。後來，一如業界同事所說，我已在這個領域工

---

* 譯註：自由攝影師（Freelance Photographer）一般指自由接案的攝影師，英文的 Free 同時有自由和免費的意思，作者在此幽默地使用其雙關意。

作將近 50 年。

這次學到的經驗就此伴隨著我，熱愛某樣事物並希望以此為生並沒有錯，但如果妳太執迷於夢想，可能會在迷茫行進間，錯過了可能會改變妳生命的更好機會。最壞的情況是，妳可能接受了那個機會但一點也不喜歡；但如果妳夠幸運的話，也許會因此找到另一個夢想，讓妳得到一個或很多夢想工作。

這是我的故事。某種程度上來說，不追尋夢想成為我謀劃職涯的推力。我反而抓緊機會，就這樣開始進入並留在電視業。這不是什麼清醒理智的選擇，但我充滿好奇心，在沒有可盲目追隨的夢想時，我可以慢慢觀察（並學習）這個產業裡每個角落和細節。

我的「意外」選擇反而成為明智之路。每個新機會都讓我學習新的技能、建立新的連結，並從我不認識的人和地方贏得尊敬，也讓我對夢想的樣子有了新的想像。

即使我在職涯初期探索方向時做了兩次緊急左轉，不情願地接受波士頓公共電視台的兩個我原本完全沒興趣的職位，但這並非毫無用處。一個是管理記錄片系列的預算，另一個則是擔任電視網的「新媒體」總監，學習雷射唱片與 3/4 吋錄影帶的技術。這些角色讓我得到許多電視同業欠缺的經驗與知識，包括製播節目的財務規劃和技術的進化演變，讓我更深入瞭解自己從事的產業。

最棒的是，原本的夢想和新的夢想，熱愛的專案和務實的職業，兩者並不抵觸。我的情況確實如此（沒騙妳，我第一次出現在製作團

隊名單的電視節目是《照片輯》〔*The Photo Show*〕。）在電視圈工作時，我善用身為攝影師的特點，對光線及色彩的敏銳眼光、構圖的技巧、吸引觀眾的天賦，以及透過畫面來說故事和傳達情感的能力，進而成為優秀的製作人，更是出色的電視台高層，最終成為「有線電視女王」。妳可能會說我並不是放棄夢想，我只是打開鏡頭，擴大曝光度，從單一的攝影拓展至整個媒體。

我仍然喜歡攝影，但因為我可以將鏡頭拉遠讓視野更大，工作和生活都變得比我能想像的更有深度、更繽紛、更光明。相機仍是我最好的朋友，而不再是我的老闆。

⌒ 搞定它

雖然我沒有成為專業攝影師，但早年我花在相機上的時間改變了我工作和生活的進程。攝影所學的軟硬技能讓我在工作上與眾不同，也讓我的視野更開闊，能真正看清楚事物的狀態及其內涵。例如，如何衡量原本的夢想和新的夢想、如何抓緊機會（並知道哪些機會值得優先把握），以及無論身處何地或從事何事，都能盡可能發揮到最好。

所以……

瞭解妳的專業領域

在拿出相機前，優秀的攝影師會先盡力瞭解面前的專業領域。既然我們每個人都是自己生命的主角，我們也欠自己同樣的認識。當妳

開始謀劃職涯時，先問一些深刻且艱難的問題。首先，問問自己的夢想從何而來？是妳自己的，還是別人灌輸的？如果妳「一直」想做某件事，問問自己為什麼？認真傾聽答案，即使那不是妳預期的。搞清楚夢想何時出現，又是什麼讓這個夢想留在妳心裡。

要知道，有時候理論上的夢想會隨著面對產業及其領域裡的現實情形而破碎。妳可能很喜歡美國憲法，但討厭律師的生活型態；妳可能熱愛寫作，但想與其他和妳一樣的社會性動物有更多互動。有時候，妳極力追求的夢想可能不適合妳，妳們可能天作不合。雖然放棄看似令人沮喪，但仍有好的一面：只要把不適合妳的夢想放在一旁，妳就可以開始追求一個能讓妳真正快樂起來的工作。

找出最適合妳的工作場域

最重要的是，認識並瞭解妳自己，這表示可以辨別出妳理想中想成為的和妳真正喜歡做的。有夢想很重要，若妳覺得自己沒有方向，那這點就更為重要。所以不僅要搞清楚妳端上檯面的選項（妳能做什麼），還要找出妳想要坐在哪個檯面上（妳想要怎樣的工作環境），什麼能讓妳覺得「活出夢想」？

- 妳是內向還是外向的人？
- 妳適合獨立工作還是團隊工作？
- 妳喜歡整天動腦還是用自己的雙手雙腳務實地付出勞力？
- 妳想當小池子裡的大魚還是大池子裡的小魚？
- 妳是有創意會突破限制的人還是按部就班的人？
- 妳想要旅行還是留在原地？
- 妳偏好結構型組織還是獨立自主？

勘查全貌

在安頓下來前，先勘查一下這個專業領域。在確定這是不是妳所追求的之前，保持好奇心和開放的心態（也要睜大眼睛）。

如果有一個妳想進入的產業或領域，先做好功課，與任何妳在這想進入的世界中能找到的人聊聊。去研究重要的玩家，包括龍頭公司、業界高層、創新改革，學習讓他們與眾不同的原因。瞭解這個領域每個階層的日常工作及長期發展，瞭解這個領域的新人後來都做些什麼，帶領這產業的人起點在哪。掌握薪資報酬、成長空間和工作生活平衡的真實資訊。

如果有任何妳敬仰的人，而他的職業是妳想看齊的，試著在領英（LinkedIn）上用貼心的個人化訊息聯繫他們，看看是否有機會讓妳追隨他們的腳步。

如果有具體的理想工作，先確定要得到這那個工作前，妳需要經歷過哪些職位。如果那些職位對妳似乎沒什麼吸引力，如果妳的夢想之路看起來像是惡夢，那也許是時候重新思考妳的夢想了。

平衡光明與黑暗

精采的照片需要光線與黑暗的精確平衡，不管哪一方太多或太少，都會讓相機捕捉的現實變得模糊或扭曲。對工作來說也是如此，99.9% 的人都不是從夢想的工作或領域開始進入職場，日復一日的工作可能令人沮喪，很容易會讓人去注意那些我們沒有得到的機會、沒

有取得的進展、未能累積的成就、無法享受的樂趣，以及未能得到的尊重。但是，我們應該要記得，每個工作都有其黑暗面，即使是看似夢幻工作亦然。

於此同時，找到光明面也很重要。有認識新的人嗎？學到新技能了嗎？也許有很酷的機會可以探索這個城市、國家或世界的不同地方。也許目前妳只認清妳不喜歡做什麼，但這仍然會讓妳往尋找並從事喜歡的事情更進一步。

記得要考慮所有*潛在機會*的光明面與黑暗面，尤其是那些出乎意料的機會。悲觀、偏見、成見會讓人無法看清事情的本質（與可能性）。所以，問問自己，在最好的情況下，這個機會能帶我走到哪裡？但也不要太天真，不要因為有 0.0001% 的機會可以在兩年內升到執行長，或有同等機率不會有苦日子過，就接受這份工作。

如果妳的期望值夠務實，也謹記沒有任何工作完全都是好事（或完全都是壞事），那麼妳找到快樂與成就感的機率就能大幅提升，不僅是在妳的夢想工作，而是接下來的每份工作皆然。

必要時，將變焦鏡頭拉近／拉遠

當妳在評估工作機會時，同時考慮大方向和小細節是很重要的，因為表面上看到的和近距離接觸到的並不盡然相同。大方向來看，問問自己這份工作是妳前往下個目的地的跑道，還是死路一條？即使這個職位來自一家妳從沒聽過的公司，也不是妳熟悉的產業，它仍然有

很多方式可以讓妳邁向成功：可能會遇到導師、獲得管理經驗、實踐領導能力，讓妳和其他擁有類似背景或抱負的人有所區別。

或許，妳夢想公司裡的夢想職位，例如在妳視為目標的高階主管底下工作，可能只是一張哪裡都去不了的頭等艙機票（或是讓妳前進一步但後退兩步）。

為了避免第二種情形發生，在接受工作前，先拉近鏡頭看看細微枝節，尤其是一般不會公開宣傳的部分。研究公司文化，想像自己是否能夠融入。仔細探究公司裡曾在這個職位或類似職位的人：他們快樂嗎？他們待得久嗎？他們是否專注在自己的專業領域？是否鼓勵跨部門合作？他們通常跟著規定走還是會打破規則？他們對工作與生活的平衡狀態是否滿意？他們原本是什麼職位？他們接下來會做什麼工作？回答這些問題可能無法立刻帶妳到夢想工作，但瞭解全局*將會*提升妳對這個工作機會的認識，提升未來入職後得到充實感的可能性，而*充實感*正是每個夢想工作不可或缺的前提。

離開也沒關係

說出「勝者永不放棄」這種話的人不一定是贏家。事實上，勝者經常會放棄。如果妳已經學不到東西、沒有成長空間、工作不快樂、也沒有其他可以得到的，那離開也沒關係，只要別在離開時斷了所有的路就好。

鎖住焦點

有很多元素可以成就一張好照片：很棒的主題、專業裝備、恰到

電子郵件禮儀守則

冰冷的電子郵件或 LinkedIn 私訊能親切地送達或被冷落（無論是得到回覆、轉寄給助理或直接刪除）幾乎都取決於妳的內容：

- 應該做：客製化訊息，記得為何妳要聯絡這個人（而不是他的其他同事），說明妳是如何得知他們的（妳有看過他們的簡介嗎？妳們上同一所大學嗎？），並說明妳的興趣和他們的工作有什麼關聯。

- 不該做：讓對方覺得他們只是妳清單上的其中一人，或者只是複製貼上同樣的郵件內容。如果妳同時寄給同公司裡的多位員工，就該預料到他們會互相討論。

- 應該做：誠懇地說明妳對他們的職位／公司／產業的興趣。

- 不該做：在雙方見面前就請對方把妳推薦給公司的其他人。

- 應該做：尋求對話機會而非工作機會。

- 不該做：花大篇幅說明妳的重點。大家都很忙，訊息愈長愈可能被丟進垃圾桶。

- 應該做：堅持到底！如果有人願意通個電話，務必要接受。就算妳在收到他們回覆時已經得到其他工作，至少也要回信解釋。業界很小，但記憶很長。

- 不該做：變得糾纏不休。恭維討好和表現出興趣是沒問題的，但跟蹤就不好了。

- 應該做：謙虛。表現得謙卑而非傲慢。

- 不該做：表現得像是妳有權支配他們的時間（或是約見面喝咖啡）。

- 應該做：提前對他們花時間看妳的訊息表示感謝。

好處的背景、無懈可擊的光線和精心設計的構圖。然而，如果攝影師忘了將相機（或手機）鏡頭對焦，那麼為了要捕捉那一刻（和最終拍攝成果）而做的所有準備可能都會白費。

職涯上也是同樣的道理。我們為某個機會做好一切準備，但如果在工作開始後卻分心，或是把當前工作視為次要，那麼這個工作機會（以及為此付出的所有努力）也都將白費。

因此，對妳接受的每個工作和挑戰都要全神貫注，尤其是發現妳的熱情所在時，像是有某件讓妳早上迫不及待起床的事。即使該職位與隨之而來的職責似乎與妳的夢想無關，就算工作枯燥乏味，與妳的預期不同，還是要把在這個職位上獲得成功視為實現夢想的重要關鍵。提出正確的問題，找出值得學習的對象，付出與工作相稱的精力。如此一來，當合適的機會來臨時，妳會準備得更充分。

ᏬᏙ 結語

當我們朝向夢想全力以赴時，往往會限制住自己，錯過眼前具有無限可能的機會。因此，與其早早選定單一道路，不如保持開放、渴望和好奇心。這樣不僅能找到能讓我們開心的事情，也能找到令我們充滿動力的事物，從而找到我們真正的熱情及優勢所在，並能學會如何運用。這也是我們意外習得技能、洞察力與獲得經驗的方式。要活出夢想，就必須保持開闊的視野、找出潛在的機會，並前往探索。

2. 瞭解妳的價值 / 耕耘妳的價值

我們被告知：「瞭解妳的價值」

人（尤其是女人）的一生經常被提醒要瞭解自己的價值，走進禮品店或上手工藝成品買賣平台 Esty，會看到這個口號印在卡片、T 恤、抱枕和咖啡杯上。IG 上的人生教練大聲疾呼：「當妳瞭解自己的價值時，就沒有人能讓妳覺得自己毫無價值。」在一個大多數人都輕視、拋售、低估自己的世界裡，「瞭解妳的價值」就像是完美的解毒劑，鼓勵我們無論是薪酬、責任或尊重，都不要接受低於自己應得的待遇，也不要對任何讓我們不安的事情妥協。

事實：「耕耘妳的價值」

我們大多數人在年輕時並沒有什麼價值，因此被如此對待也是可以預期的。

在我的社群媒體被取消追蹤或被炎上之前，讓我說清楚。我不是說妳應該忍受男朋友劈腿，或是讓房東幾個月不修那個妳和 3 個室友及 1 隻撿來的流浪貓共用的浴室排水管。我的意思是，個人價值和工作價值完全是兩回事，把我們在工作上的價值與我們的個人價值混為一談，就像是把手伸出紐約的窗外，卻想知道新德里的氣溫一樣。

然而，似乎很多基層員工和初入職場的人都忽略這一點。以致於，我曾看著他們在工作中出錯，甚至跌得一敗塗地，當他們的自我價值展現變成了理所當然的傲慢。他們並不是要求被平等地對待和尊重，而是認為自己應該迅速獲得更多薪酬、責任與權力。

　　有些人會覺得這是世代問題，現在那些二三十歲的年輕人都被寵壞了，這就是結果。若真是如此，那麼我們這一代的多數人也應該要承擔部分責任。

　　身為父母、老師、教練和管理人員，我們花了數十年時間，以不自然地膨脹年輕人的自我來扶持他們。他們的童年期間，我們發放參加獎和金星貼紙，只要付出努力就給 A，基本上這是將成功和失敗視為同義字。在申請大學的過程中，我們不會直接通知，改為寄出「禮貌性延遲通知」給他們，以延後壞消息的傳遞，讓拒絕信晚點送達以減少對他們的打擊。等到他們踏入大學校園，我們以安全空間和觸發警告的機制，避免他們感到不適（也避免讓他們面對通常充滿攻擊性的真實世界）。

　　這也難怪很多年輕人進入職場後，對於那些無法啟發他們或是對他們沒有明顯利益的工作會感到被背叛，或至少覺得無聊。一直以來，他們聽到的都是自己什麼事都辦得到，但現在卻只是被交辦去星巴克買 3 杯冰咖啡。

　　這只是故事的一部分。畢竟，遠在有參加獎、禮貌性延遲通知和安全空間之前，這些簡單枯燥的工作就已經存在，所以這個看似新的

現象其實並不是新的。誰不想要一個可以讓我們身心甚至政治上能感到充實的工作和職責呢？

這是一個歷史悠久的故事，因為我們需要時間去學習這個簡單的事實：每個人與生俱來有其個人價值，但我們必須努力贏得工作價值。在進入職場前累積的經驗、學歷和榮譽，不會自動跟著我們進入辦公室，像膠水一樣黏著我們，所以請對與我們互動的老闆及同儕發出訊號，展示我們的價值。即使我們實習表現很好或是擔任畢業生致詞代表，即使我們擁有最出色的履歷，人資或是用人主管很喜歡我們，但在職場上並非如此運作。

踏入職場的那一刻，我們就重新開始了。在職涯初期，通常代表著要做一些低微的勞力付出、不吸引人的任務或是無腦工作，那些我們認為有失身分或覺得自己大材小用的事。但這些事一定要有人做，那為什麼不會是我們呢？

在工作中，只有當別人瞭解我們的工作時，才會知道我們的價值，而這需要時間、努力和堅持。這無關潛力或承諾，只關乎工作結果。在證明自己之前，我們的價值只在於出席，大概也不會有更多了。

所以，放下自尊去工作。如果感覺不好，無論如何也要堅持下去，只要妳持續學習、建立連結、有一條最終能讓妳起飛的跑道，就不要認輸。相信我，如果妳在職涯初期只願意做那些重要、有聲望的、高薪的工作，通常妳終其一生的職涯都做不到。

當然，有些工作是真的該放棄，例如沒有發展、苛刻的老闆，或

是工作滿載無法平衡生活的。不過，即使不是這些工作，也仍會測試妳的耐心，讓妳整天懷疑自己到底在做什麼的，如果佛教說的「人生是苦」是對的，妳知道嗎？工作也是。

這也就是為什麼我們不稱它為玩樂。

⌇ 我的視角

從研究所畢業後，我進電視圈的第一個份工作是擔任《無限工廠》兒童節目的製作助理，在這個把數學變有趣易學的節目中學到我的「工作價值」。

當我為了拍攝宣傳照片素材而追著所有演員在攝影棚裡滿場跑時，我看到製作助理在做什麼：每個助理被分配給 7 至 12 歲不等的不同演員，協助他們對台詞、影印整理劇本、拿零食、甚至挑選服裝。

這些工作或許平淡無奇，毫無光鮮，但似乎是寶貴的經驗。

所以當 3 個製作助理同一天被開除，而我拿到取代其中一位的職缺時，我立刻答應了。我知道工作內容是什麼，而且覺得自己能勝任。即使這個職位是所有員工裡最菜的，但至少我對《無限工廠》裡的某個人來說很重要。接著我被分派負責的演員是溫斯頓，一條英國牧羊犬，節目裡唯一的非人類。我的主要職責是在攝影棚裡帶著便便鏟跟著牠，我的工作確實就是「狗屎」。

我不騙妳，那時候我真的很生氣。我常常覺得自己沒有發揮空

間、被低估、不被賞識，根本是大材小用。畢竟我是個人，應該比那個流著口水走來走去的四條腿夥伴高等。我有兩個大學學位，而溫斯頓只是靠裙帶關係的「星二代」（牠是其中一位節目製作人的心愛寵物狗），不但沒有受過訓練，更諷刺的是，牠的薪水一定比我還高。

不過，即使我覺得為溫斯頓工作有失身分，我也沒有表現出來。相反地，我表現得像是要取得寵物保姆榮譽學位的大學生一樣，把每次裝狗狗食物袋都當成得到加分的機會。當我得到另一個去哈佛書店為（人類）演員購置服裝的任務時，我表現得像是中樂透一樣。就某種程度來說也確實如此。

攝影棚的燈光、攝影機、導演和整個製作團隊的運作，讓我想再多學習。我知道我選對地方，或者至少選對產業，而對的時間點在某天就會出現，但我必須努力爭取。所以我掛著笑容、默默努力付出，同時也留意周圍的一切，盡可能在目前的崗位上觀察、學習、成長。我不知道自己正在為下一個機會做準備。當有個助理製作人的職缺開出時，我被晉升了，也證明我不僅渴望且有能力承擔責任（甚至能解決狗屎問題）。

幾十年後，我在兒子傑西大學畢業時跟他說了這個道理。他當時在人力公司的收發室做基層工作，而他媽媽拒絕替他打個電話或動用人脈。他不斷跟我說：「我整天都在打包和分類郵件，這些事不需要用腦」。

「妳期望什麼呢？妳只是收發室裡的菜鳥！」我這麼回他。

值得稱讚的是，傑西並沒有跟公司裡的其他人分享他的挫折。雖然每天早上無法不帶著自尊心去上班，但他很明智地每天晚上把這些怨言打包帶回家，是真的帶回家了。不過在公司裡，他仍帶著笑臉融入其中，並堅持到底，最後成功地在公司裡一步步晉升。

　　現在年過三十，傑西已能看清當初自己的心態有多麼錯誤。真的在這個他期盼闖出一番事業的領域裡做出成績之前，他對任何人來說都沒有價值。他的職業道德無從展現，想法也無法付諸測試。他的老闆也許看出傑西有很多可能性，但在傑西證明自己之前，他的價值仍是紙上談兵。

　　能怎麼證明自己？吞下自尊心，投入時間。

　　這也是我所做的，不僅是在《無限工廠》，而是整個職涯早期皆是如此。我知道，如果要被老闆和同事視為重要成員，就必須在他們的工作日常中帶來具體價值。既然我還沒什麼工作成果或相關技能，我的價值就只會從我的存在和做好該做的事情中體現。

　　當時，我把這當成生存攻略，而現在我知道這種狂熱其實有其道理，這是每個人應該*希望*開啟職涯並規劃未來的方式。在職涯旅程初期所投入的大量時間、接下各種瑣碎的工作、略微壓抑的自尊，都為我為下一階段的發展付出的準備，並在長遠的未來得到回報。

　　隨著我在電視業慢慢爬升，我學會如何處理這個行業裡最醜陋、最臭、最不吸引人的部分。我什麼都看過，也什麼都做過。事實上，*正因*為我從最底層做起，才能一路爬升到最高層。

我不是只說溫斯頓的事。

∽ 搞定它

如果想在工作上晉升，就需要*提升*自己的價值，而工作上的價值取決於我們做的事，不是我們的感受。對基層員工來說更是如此，因為他們沒有做出什麼成績，所以價值很有限，這也是為什麼他們的薪水、職稱和職責都相對較少。不過這個原則適用於每個人：如果執行長的單季營收不佳、工程師做出失敗的產品、模特兒在伸展台上不受歡迎、作家沒有上暢銷排行榜，他們的價值也會下滑。

過去的成就和未來的潛力都很重要，但真正讓我們具有價值的是當前的表現，而具價值能讓我們獲得更多：更高的收入、更多職責、甚至更多令人心滿意足的工作。

所以……

醒來（和熬夜）

妳對工作付出得愈多，妳得到的也會愈多，包括妳的時間。我不是叫妳犧牲社交生活或放棄娛樂，更不是建議妳把自己榨乾，將自己逼進必然會崩潰耗竭的高壓工作。但如果妳覺得自己被忽視、不受賞識、迷失在一大群擁有相同技能和薪水的同儕人海裡，或是妳正在尋求晉升機會，要讓自己與別人產生差異並證明自己的價值，最簡單的方法就是每天早上第一個到公司，晚上最後一個離開。如果坐而言

確實不如起而行的話，那麼早到和晚走就是在大聲喊出「我盡心盡力！」

出席

疫情開啟了遠端工作年代並帶來意外的好處，像是縮短通勤時間、可以穿著睡褲開會（上半身辦公室，下半身臥室）。但是當 Zoom 成為名詞，FaceTime 和 Teams 取代面對面交流及團隊會議，我們也失去一些真實的東西：在辦公室或其他工作場合與同事或主管偶遇的機會。

對身處公司最底層的人來說，意料之外的電梯對話或是飲水機（或是塞滿 La Croix 法國氣泡水的冰箱）旁的即興交流，有助於妳往上爬，被看見能帶給妳關鍵的可見度。所以如果妳有機會去辦公室上班，就去吧。我沒辦法精準預測這能*如何*對妳的職涯產生助益，但我可以保證，這一定有用。

畢竟，如果妳從*沒待在*那個地方，就不可能在「發生的地方」具有價值。

挺身而出

如果想要在工作上增加妳的價值，就要真正地增加工作量。不用在額頭刺上「選我」或「我加入」，但可以假裝像是這兩句印在那裡一樣。在公司做個沒問題小姐（或沒問題先生），就算內心不想，還

是要在有工作時率先自願承接，不要覺得工作太卑微或太難就不願意嘗試。尤其在剛開始工作時，還沒有找到適合的職位、具備知識基礎，或發展出難以取代的專業技能之前，妳最好的機會就是挺身站出來。

抬起頭

職場上有件很諷刺的事：在公司的最底層工作可能讓妳覺得「很沒用」，但妳可能會接觸到公司裡的資深員工或高層主管這些對公司*最有價值*的人。可能是因為幫他們倒咖啡、安排行程或接電話。但有接觸就是有接觸，與其浪費時間情緒低落，不如用來抬起頭看看身邊有哪些人。我兒子傑西在收發室的時候，他知道可以善用分類和發送郵件及包裹給經紀人的機會，瞭解他們的興趣，有時可以用來閒聊或建立連結。他把這段平凡的經歷轉化為人際交流的機會，妳也可以。

認真學習

一般來說，前幾個工作應該要盡可能學習（我剛開始工作時拿著最低薪資，比狗還低），所以別只用薪水來衡量成功。相反地，做個大量吸收周圍世界的海綿，如果有不知道的事就想辦法去學。很多公司都有內部成長課程、訂閱 LinkedIn 線上課程、資助員工去上「繼續教育*」，很多員工都不知道要利用這些機會，別犯這樣的錯。真的，這只是把免費的資源丟掉，也是放棄學習新技能或新觀念。

---

* 譯註：繼續教育（Continuing Learning）指中學教育之後的職業教育和培訓。

團隊合作

「偉大的友情是在烈火裡鍛造並從逆境中誕生」這句話是真的，難怪軍人從戰場返家後都能長久地保持緊密關係。同事之間也一樣，身在團隊中能更容易挺過工作難關。抑制將同事視為競爭對手的衝動，相反地，培養並促進這些職場上的合作友情。這種友情不只在工作基層時很珍貴，通常也有助於妳爬升至頂端。出於無數原因，我認為我的前幾個工作有其價值，其中一大部分是因為當時交的朋友，我們到現在都還保持聯絡。雖然後來分別去了不同的地方，但若沒有這段友情，我們沒有任何能人能走到今天的位置，我們每個人都因為這段友情變得更好。

金・卡黛珊（Kim Kardashian）的祕密價值？ 努力工作

有個關於金・卡黛珊輕而易舉獲得成功的迷思，但就我個人決策多個卡黛珊節目和周邊商品的經驗來說，金非常拼命工作來證明她的價值。被選中去主持《週六夜現場》（*Saturday Night Live*）時，她堅持提早到並留到很晚。只要節目製作開始，她就和造型師一起設計出觀眾想看的造型。她和喜劇演員及節目編劇合作，不僅是為了學台詞，更是為了完美呈現時間掌握與節目效果。當《週六夜現場》以「來自紐約的直播」開場時，金已經完全準備就緒，表現無比精采。金的母親克莉絲・珍娜（Kris Jenner）告訴女兒們，建立價值時，只有努力工作這條老路，沒有其他捷徑或替代方案。克莉絲不僅推廣和支援她的女兒們，並灌輸她們認真嚴肅的職業道德。難道他們能以實境秀明星和網紅身分稱霸多年，這還算意外嗎？

振作起來

要幫團隊找新人或挑選晉升人員時，除了天賦、經驗和參考評價之外，我最重視的是態度。我不在乎妳是不是得過 3 座艾美獎或是記憶力超強，如果妳是個消極的人，就幾乎沒機會得到這份工作。悲觀主義者、老是唱反調的人或整天在抱怨的人會讓公司文化變得令人厭煩，或是產生一種不愉快的氛圍，讓身邊的人也變得消極。幸好反過來也一樣，當要評估妳是否適合某個職位時，一個真誠的笑容和樂觀進取的態度，可能會產生重大影響。即使妳不完全符合該職位的所有要求，正面積極的態度會產生光環效應，讓妳的其他條件看起來更好，讓人願意接近妳。這正是我錄用現任這位統籌人員達娜的原因。

用心打扮

如果世界是個舞台，辦公室也不例外。我們無法預測觀眾是誰，所以花點精力讓妳的存在成為一份禮物。這不是說要穿著細跟高跟鞋，而是要盡可能讓人留下好印象。如果妳不喜歡目前的工作，就開始為妳想要的那個職位好好打扮。聽從 NBC 專頁計畫中關於不穿制服時該如何打扮的建議：穿什麼都可以，但記得問自己「如果我在電梯裡遇到執行長時，可以自豪地自我介紹嗎？」

由下而上

「從底層做起很丟臉」是個錯誤的觀念，根本大錯特錯。除非有

人具備先天優勢或含著金湯匙出生，否則每個人都是從某處開始。我學到的是，從產業或公司的最底層做起，反而會讓妳在進入高層時領導力更強、更和善、更有見識、更有效能。妳不僅能理解公司或產業的每個面向，更能真正同理並欣賞那些負責妳曾經做過的工作的人。妳曾真正經歷過那些工作，妳知道哪些事情值得重視，也知道哪些不值得妳或任何人浪費時間。

所以，不需要為妳的起點感到尷尬。相反地，以幽默和謙卑的態度擁抱基層工作，並盡妳所能去學習。

為妳的價值負責

當妳開始展現並瞭解自己的價值時，也要向妳求職的公司（或是現職公司）證明。不要屈就於些微好處。面試或談判時，不僅要推銷自己，也要給公司機會推銷他們自己。搞清楚妳在工作中追求的是什麼，以及妳的底限在哪裡。坦誠地說明自己未來 5 個月（或 5 年）的規劃，並向公司提出問題，以便讓他們坦誠回答妳的期待是否實際可行。

∞ 結語

最後一次說回溫斯頓。事實上，我被升為製作人的時候，基本上已經不需要再忍受狗（和狗屎）了。畢竟我已經付出時間證明自己，不再「毫無價值」。但這麼多年後，從撿狗屎到管理一切，有件事我非常確定：努力工作才能證明自己價值，而這永遠是值得的。

3. 結交比妳強的朋友 /
在各處尋找願意對妳說實話的人

我們被告知：「結交比妳強的朋友」

所有我們談及的精英主義或努力工作，事實上，要單靠拉自己的鞋帶 * 來讓自己的階級向上流動，無論從字面上或生理上都是不可能的（怪地心引力吧）。但即使這個方法有用，從比喻上來看，這條路也會讓我們爬升得緩慢且崎嶇……至少相較於另一個選擇：找一位*已經處於頂端*且願意拉我們一把的人。難怪人們常說，一切取決於妳認識什麼人。有個強大又人脈廣的盟友願意伸出援手替我們著想，有了「比我強大的朋友」，誰還需要梯子呢？

事實：「在各處尋找願意對妳說實話的人」

不管是工作還是生活，都沒有電梯可以直達成功。如果我們想到達頂端，就必須學習如何往上爬。

這就是「導師」上場的時候了。問任何一個領域中頂尖的人，他們成功的秘訣是什麼，他們很可能會提到一路上有很棒的導師，使他

---

* 譯註：德國作家 Rudolf Erich Raspe 的小說《The Surprising Adventures of Baron Munchausen》中，主角用一條靴子鞋帶（Bootstrap）把自己從沼澤的爛泥中拉了出來，過程中完全沒有依賴其它人的幫助，後來引申為「自助、不求人」的意思。

們變得更好。這也難怪現在的公司文化中非常流行導師制度。近期數據顯示，84% 的《財星 500 強》公司設有正式的導師制度，包括美國前 50 大企業的*每一家*。雖然細節可能不同，但這些制度的大致輪廓看似相同。

因為有這些制度，當我們談到企業導師時，會有以下標準：比我們資深、身處同一領域、有一定的人脈，並且願意熱情地把我們介紹給其他人脈更廣的人、在我們成功時為我們歡呼、失敗時為我們打氣、幫助我們在公司（或政治、非營利單位、傳播、法律、科技或任何其他產業）裡更迅速順利地往上爬。當然，還包括那些正式把我們納入其羽翼，並自認為是我們的導師的人。

這些是我稱為「支持型導師」的特質。在職場上，他們是「比我強大的朋友」，通常是最先對我們有信心、為我們出力，並建立我們自信的人。這類導師通常是正式導師制度希望提供的導師類型。

儘管我也曾在自己的公司投入發展這類制度，但我必須老實說，大部分導師制度都有所不足，這不是他們的錯，主要出於兩大原因。

首先，緊密的導師與學生關係，通常都是自然發生而不是安排出來的。這是人與人之間化學反應的結果，沒有科學研究可以預測何時或與誰能形成這種關係。那些位於各領域頂端，並將自己的成就歸功於導師的人，很少會提到負責回覆他們諮詢郵件或每月帶他們去喝咖啡給予建議的人。

當然，正式的導師制度還是有可能找到真正的導師，安排好的關

係也有可能演變成自然的關係，但依賴這樣的制度來找到真正的導師，並不是可靠的前進方式。

這些正式安排好的制度第二個失敗處來自第一點，有一類「挑戰型導師」根本不被列入考慮。顧名思義，這類導師會挑戰我們，往往也是極具挑戰性的人。他們通常很難相處，不願意放鬆對我們的要求而給予「嚴厲的愛」，而這種愛真的很嚴厲（幾乎讓人感覺不到愛）。

這些想法現在聽起來很不尋常，但這確實是一開始導師的原意。導師（Mentor）一詞源自荷馬的古希臘史詩《奧德賽》（*The Odyssey*）中的角色，導師是主角奧德修斯（Odysseus）和他兒子鐵拉馬庫斯（Telemachus）的顧問。通篇故事中，導師在這兩位勇士感到絕望或表現不理想時，反駁和質疑他們。

在古希臘，哲學家蘇格拉底真正體現了挑戰型導師的理想典範。柏拉圖是史上最有名的門生之一，作為他的老師，蘇格拉底從不會對他溫和寬容。實際上，蘇格拉底比較像是他的辯論對手，不斷逼柏拉圖進一步解釋他所說的話。他們的關係是構成蘇格拉底方法的基礎，就像大學教授對倒霉的學生不斷追問，直到答案無懈可擊。看起來似乎很殘忍，但目標卻是無私的，透過逼著學生思考（再思考）他們的信仰及理由，用以淬煉提升學生的思維。

如果支持型導師是我們在工作上位於高位階的朋友，那麼挑戰型導師就是找麻煩的鬥嘴對象，並且不斷拉高標準。當支持型導師稱讚我們時，挑戰型導師會說實話，即使實話難以入耳。他們經常讓我們

重新確認自己的直覺和工作，甚至可能讓我們的挫折感增加兩三倍。

　　這類型的導師制度難以正式推行，尤其是在結構化且經過人資部門核可的工作環境裡。誰會想聽到自己搞砸了多少事，或是推動的專案未能確實達標的各種原因？人資部門會推動這種本質上就很難搞，甚至有點好戰的關係嗎？

　　挑戰型導師無疑比支持型導師制複雜許多，但我認為挑戰型導師對我們的成長與成功更為重要，長遠來看，即使是最好的支持型導師也比不上，歷史與文學上的例子也能證明這一點。

　　然而，似乎有些訊息在翻譯中消失了。先不管想不想要挑戰型導師這事，現在大多數的人根本不懂挑戰型導師的真正意義。如果有人能幸運地在生活中遇見挑戰型導師，或是也許可以擔任這個角色的人，通常也不會意識到這一點，反而會將挑戰型導師視為混蛋或霸凌者，認為他們只是期待我們去做一些幾乎無法成功的事來讓我們感到不舒服，並對我們設下非常不合理的標準。

　　但有時候，我們真的需要別人刺激和強迫去做一些自己絕不會主動嘗試的事，進而瞭解自己的能力。也許是被退件再重新修改一次我們認為完美無缺的稿子，後來終於寫出完美的對白；也許在進入律師事務所的第二週就被分配到最離譜的案件，但後來找到一個關鍵證人並贏得該案；也許要在兩小時內為執行長做一份通常需要 3 倍時間準備的簡報，但最後還是完美達成任務。如果不是被逼，我們根本不會嘗試；如果沒試過，我們也不可能知道自己的潛力。

這也是為什麼很多動物在教後代游泳時，會直接把他們踢進水裡，讓他們知道自己已經會游泳了。

有時候，如果我們做了不該做的事，或是在我們開始嘗試且即將失敗之前，也需要被批評指責或拉回現實。就像有人一頭潛進90公分深的兒童池，為其歡呼也不是好的鼓勵，盲目信仰和無條件地歡呼並不是好的導師行為。

相信我，當領導者或高階主管提到曾幫助過他們的導師時，絕不是指那個對他說「妳辦得到！」的人。他們指的是那些表現出對他們的期待高於他們對自己期望的人，或是指那些會坐下來對他們說「其實妳做不到……但是妳可以這樣做」的人。

這並不代表不該擁有支持型導師，生活中不同階段會需要從不同人身上得到不同的支持。如果在第一份工作的第一週，有個年長且經驗豐富的前輩把我們納入羽翼，給予指點，帶我們認識公司裡各部門的同事，那當然很好。但工作不是童話故事，這些「比妳強的朋友」不是公司裡的長髮公主，可以放下長髮把我們拉上高塔。如果我們想登上頂端，就需要周圍有人推著我們去競爭和攀爬，而不僅是伸出手讓我們抓著。我們需要那些挑戰我們的人，因為這些挑戰是為了未來所有的艱難時刻做好準備。

∽ 我的視角

從我剛入行幾年至今，我已經指導女性（也包括男性）近 50 年了。現在，我的時間都用於透過各種媒介，針對公司各層級人員提供建議，內容涵蓋各種議題。我的工作職責第一條「執行長的策略顧問」就帶有導師意味。

我也有一些關係久遠的導師，時間甚至比我自己擔任導師還久。先聲明，他們都不是我公司裡的正式「導師」。

第一個導師是我的父親和哥哥。我父親是支持型導師，建立我的信心，並在我需要更多激勵時不斷地告訴我「*妳做得到*」或「*沒有辦不到這個詞*」。他是我最大的擁護者和啦啦隊長，從不吝惜讓我知道他對我的支持。我 12 歲的時候（對，就是 12 歲），他讓我坐在他大腿上，在車子的前座上抓著我的手握住方向盤，教我開車，那時距離我法定可以學開車的年齡還有好多年。

我哥哥則對把我捧高高或讓我自尊心爆棚一點興趣也沒有，他的時間和精力有更好的事情要做。他是未滿 16 歲就上大學的天才兒童，後來在史丹佛大學的一所教學醫院裡擔任神經外科主任。（我那時才知道，醫學界對神經外科醫師有種刻板印象，認為他們是有神經病般的完美主義者，而我哥確實如此。）顯然地，他喜歡挑戰，無論是接受挑戰*和*提出挑戰。對我這個妹妹而言，他就是終極挑戰型導師。

我哥讀醫學院的時候，我剛進高中，他邀我跟他的朋友一起去滑

雪。我不會滑雪，但他說他會教我，我也信了。他向我保證，我不用先去新手練習區的小兔子坡也沒問題（「*邦妮，那是給小孩子學的*」），於是我們就一起搭纜車到山頂。到了山頂，他看著我，一臉得意地說「待會見啦，妹子！」，短短幾秒鐘內我就看不到他了。天氣很冷，我則氣到冒煙。

被激起想對我哥大吼「你到底在想什麼！」的衝動之下，我終於找到方法下坡了，我哥的朋友唐來幫我，他像夾三明治一樣把我的滑雪板夾在他的滑雪板之間，而我抓著他腰間的滑雪帶，最後終於順利下了山。

我哥的反應？「如果我覺得妳下不來的話，就不會把妳留在山頂上了。妳完好無傷地下來了，不是嗎？」

嚴格來說哥哥是對的，有唐的好心幫助，而我也在沒去小兔子坡練習的情況下成功下山。從此以後，我滑雪再也不需要去小兔子坡練習了。

我的父親和哥哥都以他們的方式為我未來會遇到的導師做好準備。（因為我是我這個領域裡少數的女性，我大部分的導師都是男性。）在 USA 電視網工作時，我有兩位支持型導師，他們協助我磨練和表達自己的意見。

我被 USA 電視網錄用時，戴夫・科寧（Dave Kenin）是我老闆的老闆，他負責所有節目。有一次，我厚臉皮地寄一份週五節目表建議給他，因為我想把我做的影集改到與他原訂節目表完全不同的時段

播出。他回我一封很長的信，逐一時段逐一節目地解釋為何我的建議行不通。但是，他最後的結語很好，不會讓我覺得自己是個傻蛋，而是說「話雖如此…我很喜歡妳的建議，也喜歡妳安排節目表的思考方式。繼續發這些建議給我。」

另一位則是我剛入職前幾年時 USA 電視網的營運長史帝夫・布倫納（Steve Brenner），他後來升任營運副總裁。當時我正在與科幻影集《雷布萊伯利劇場》（*The Ray Bradbury Theater*）的知名作家談新合約，希望把節目留在我們的頻道，布倫納在我砍掉所有非必要花費時支持我。我從沒有談判過任何事，可能沒有很厲害或精巧的戰術，我知道我的方法一定有需要改進的地方，但布倫納對我所做的事毫不掩飾的熱情，讓我成功了。從那時起，他一直都很支持我，無論何時我要談任何新的案子，他的鼓勵總會浮現在我的腦海中。

這兩位教給我的東西遠超過一本書的篇幅，更別說是一個章節。而他們的主管都是女性，也就是 USA 電視網的創始人凱・科普洛維茲（Kay Koplovitz），她是有線電視業的先驅，現在則是針對女性企業家的創投基金先驅。

不過，像我哥哥那種挑戰型導師，才是我要花大篇幅介紹的人。就像如果沒有索尼・李斯頓（Sonny Liston）、喬・弗雷澤（Joe Frazier）和喬治・福爾曼（George Foreman）這些強悍對手來推動拳王阿里超出預期的表現並成就偉大，我們可能不會認識他一樣。如果少了某些強悍的對手，我可能也寫不出這本書（或擁有現在的事業）。

大學時，我的大魔王是哈里斯・史密斯（Harris Smith），他是教新聞攝影的前美國陸軍軍士。新聞攝影是我的主修，我知道自己的眼光很好，但教了我 2 年共 4 個學期的哈里斯，讓我知道這還不夠。他相信光有技巧是不夠的，要在他的課堂過關，我必須對每張照片都付出全力，即使我認為只要付出一半精力就可以拍出一些好作品（而且他能看出其中的差異）。

　　那是還沒有數位化的年代，我要花很多時間在暗房裡耐心等待影像浮現。有時我能拍出自己想要的精準畫面，有時則會讓我失望。當時無法進行後製：不能裁剪、不能放大、也不能調整焦點。哈里斯相信每個人都能交出好照片，但不是每個人都能拍出好照片。他的課是想教會我們如何*觀察*，那才是他的判斷標準（這也是為什麼我們需要交出每張照片的負片*）。

　　有一次，我交出一份就我的能力而言顯然不夠好的作業，平凡無奇的畫面，沒什麼藝術性或焦點。那個週末我有約會，這似乎能成為我沒有花足夠的時間、想法和精力在這份作業上的理由。哈里斯不會接受這種藉口，他在全班同學面前把照片舉高，說它是「純粹的垃圾」，然後把我踢出教室，說等我拍出值得他和全班同學花時間的新照片時才能回到教室。

---

* 譯註：相機底片的類型主要分為負片、正片、反轉片 3 種，負片是最常見的一種型式。其圖像完全相反，被攝物體最亮處變成最暗處，反之亦然。

我覺得很丟臉，但從此再也沒有交出低於自己能力水準的作品。在這過程中，我發現自己的眼光比我想像的還要好。

另一個我經常覺得太嚴格的人是巴瑞・迪勒（Barry Diller），他是一個聰明的逆向思維者，也是我在 USA 電視網和科幻頻道的大老闆（當時他是這兩個頻道的老闆。）即使在當時，巴瑞也是娛樂業的傳奇。六零年代時，他擔任美國廣播公司的開發副總，率先提出電視電影 * 和迷妳影集的概念。他在派拉蒙影業擔任董事長暨執行長的 10 年間，推出《拉維恩和雪莉》（Laverne & Shirley）、《乾杯》（Cheers）等熱門影集，以及《火爆浪子》（Grease）、《親密關係》（Terms of Endearment），和前兩部《印第安那瓊斯》（Indiana Jones）等賣座電影。他經營二十世紀福斯的那 8 年間，推出福斯電視網並放行《辛普森家庭》（The Simpsons）。而這只是個開始。

我想不出世界上有任何人，尤其是娛樂圈的人能讓我學到更多東西，但在和巴瑞共事的第一年，我並不這麼想。他通常都很嚴格，有時甚至會貶低人或直接令人感到害怕。他質疑我做的每件事，他不接受任何意外。後來想想，他的存在讓哈里斯顯得相對和藹，而我則是在週末拳擊課上用的 6 呎沙袋上寫了他的名字，好讓我在週一回到公司為巴瑞工作前，能拳打腳踢咕噥著我的不滿。我從沒這麼後悔認識一個人，也從未如此害怕接到某人的電話或郵件。

情況從某個週五下午開始改變。那天下雪，我兒子跟朋友一起出去玩，而我自己待在家，準備週末終於可以放鬆一下。下午 3 點，我

收到巴瑞的信，信件主旨是「妳的決定」。當時我正試著爭取靈媒約翰‧愛德華（John Edward）的節目《跨境》（*Crossing Over*）在科幻頻道播出。巴瑞的問題看似簡單，但卻令人非常挫折：「如果靈媒是真的，為什麼要放在科幻頻道？如果不是真的，那我們究竟為什麼要和這個人這合作？」

這封郵件並沒有要求我立刻回覆，至少信上沒這麼說。不過這是巴瑞寫來的信，他是我老闆，所以我就回了。幾乎在按下送出的同時，我就後悔了。我有種自己同意把這次討論延長至整個週末的感覺，而在手機還不能收信的年代，這表示我得要黏在書桌前了。

我沒猜錯，接下來的兩天裡，每隔幾個小時就收到巴瑞寄來的新郵件，以 16 級的彩色大寫字體寫著反對觀點。每一封信，我都不僅回覆他提出的問題或觀點，更詳細說明我做決定時一切考量，包括我的想法、事實與反事實、邏輯和理論、懷疑，以及我的備案 B、C、D。

在關於靈界和娛樂業的語義來回討論多次之後，我打算舉白旗投降。但在放棄前，我再表達一件事：「巴瑞，無論妳我是否相信這個人是真的都不重要，一切取決於觀眾的看法。靈媒或巫師既不是事實也不是虛構的，而是介於兩者之間的存在，所以他們應該也屬於已經將抓鬼獵人、外星接觸和其他超自然活動納入的頻道，所有不在我們理解範圍內的都是真的。」

---

* 譯註：指專為在電視播放而拍攝的電影。

週日晚上11點，他以4個字的回信結束這場辯論：「妳講贏了！」

在那個折磨人的週末之前，我以為巴瑞討厭我，或者至少是要找我麻煩（我觀察到很多女性都有這樣的傾向，只要有人對我們不像別人那樣「親切」，就會以為對方不喜歡我們。）但我也同時意識到，儘管有時我覺得巴瑞對我的期望有些不合理，但其實並非如此。他只是希望我清楚地表達論述，就像他為自己的觀點而戰時，我也能不屈不撓、聰明又熱情地為自己的論點辯護。當他對我提出問題時，並不是在說我說錯了，他只是希望*他*能被說服。

後來，我甚至學會如何與巴瑞爭論。我需要厚臉皮、幽默感和智慧，也就是說應該要先做好功課，知道自己在講什麼，這樣才能反擊，才不會被壓力壓扁。也就是說，像他一樣。

在為巴瑞工作之後，我就再也沒什麼好怕的了。無論遇到什麼，我都可以對自己重覆這句話：「如果我可以在巴瑞・迪勒那裡活下來，再沒有什麼人能打倒我，也沒有什麼我辦不到的事。」現在，我不僅把巴瑞當作前老闆和永遠的導師，同時也是親近的朋友。

我從哈里斯和巴瑞的身上學到一個後來持續伴隨著我的道理：好的導師像啦啦隊長，更好的導師像教練，但最棒的導師則像軍隊中的教育班長，他們會改變我們的生活（或至少我們的職涯軌道）。前兩者可以幫助我們贏得比賽，但遇到像教育班長的挑戰型導師，則能讓我們準備好戰鬥並幫助我們打贏戰爭。

通常那些我們沒列入考慮的導師，反而最重要。

✍ 搞定它

在職場上，我指導過數百人，也推動過導師制度以協助更多人。我經常聽到：如果生活也有注意事項清單，會簡單得多。很可惜，大部分值得遵循的建議都並不簡單，它們會因場合、職業、對象而異，而最棒的導師深明此理。但要如何找到這樣的導師，找到後又該如何善用這位導師？這些問題和答案我倒是能輕鬆解決，列出注意事項清單讓妳照著做。

所以……

應該做：找出說實話的人

擁有比妳強、位階比妳高的朋友很棒，擁有挑戰者則更有效。前者可以讓我們感覺很好，後者則能讓我們*變得更好*。可惜要在茫茫人海中找出挑戰者並不容易，他們不會在身上掛著「看起來大公無私的虐待狂」或「外在是惡霸，內心是啦啦隊長」的識別證。幸好我有找出他們的絕竅：積極找出願意對妳說實話的人

大學時，我就是這樣找到哈里斯。他向來以殘酷的誠實聞名，尤其在沒有達到他的超高標準時。大家都知道他以新聞記者的標準要求新聞攝影課的學生，當學生從他的課堂上畢業後，確實已具備記者的能力。我大可以選個標準低一點（或不那麼嚴格）的教授，只是想培養和支持我對攝影的熱情所開的「營養學分」。但如果我那樣做了，就會連一半的東西都學不到，因為他們不會像哈里斯那樣測試我的極

限，激發我的潛力。

這就是挑戰型導師與眾不同之處。他們不會出於保護之名，為了不讓我們面對現實而對我們說謊。即使實話很傷人，他們也會實話實說，因為他們知道，聽了這些話對我們的未來有幫助。他們讓我們感到如此不適，因為大多數時候，我們知道他們說的是對的。

不該做：請求同意

在美國公司裡，不難聽到「妳可以指導我嗎？」這個問題。當做對事情時，導師與學生（導生）關係對雙方都是承諾；然而對導師來說，在不瞭解這個人及其工作能力前，要做出承諾是很困難的。所以，不要請求對方同意指導妳，也不要提出隱含有義務耗時費力以及才能

的關係，這可能會把人嚇跑。準備好一些仔細思考過的問題，約對方去喝杯咖啡就行了。

梅根・馬克爾（Meghan Markle）在我們選中她拍《無照律師》後就是這麼做的。在參與七季影集拍攝期間，她多次帶著正面且仔細思考過的問題來找我，詢問要如何更充分利用她在片場的時間、如何讓自己不僅是個次要角色、如何建構這個角色的個性與深度、如何與導演更全面地互動交流、對於誰可以指導她成為更出色的演員有什麼建議，甚至在拍攝最後一季時如何（在不造成別人不便的情形下）解決安全問題。她謙虛地請教我的意見，而不是要求建議或幫忙，聰明地不逾越界限。所以，就像梅根這樣做吧。

應該做：跳脫思考框架

正式的導師制度是在公司和業界接觸資深人員的好方法（如果妳有機會成為其中一分子，接受它！）。但它也可能有侷限性，畢竟如果知道星期三下午 2 點在 11 樓會議室可以找到導師時，有些人就不會再費心去其他地方尋找了。

不過，就我的經驗來看，最棒的導生關係通常是偶然發生的，而且需要付出努力才能維持。如果妳想尋找導師，試著跳脫思考框架，不要侷限在公司的正式導師制度裡。問問自己，生活中（不管是公司或產業裡，甚至這兩者以外）有誰令妳印象深刻、會挑戰妳、讓妳有不同想法、跟妳說實話，最重要的是，似乎有興趣教導妳。不管是軟

技能或硬技能，問問自己誰是妳可以持續學習的對象，把對方當成導師，他們甚至可能就在妳眼前。

2005 年，我聘用狄妮絲（Deenise）擔任助理，她的工作態度讓我印象深刻。開始共事後，她悄悄地把我當成她的導師，一切都自然而然地發生，我們從來沒有談過這事。來自蓋亞那的單親媽媽狄妮絲，非常有條理且細心，她很快就知道我工作的關鍵之一是重視細節，無論是對我監管的品牌、要送的禮物，或是寫一張私人謝函。狄妮絲不僅能勝任這個角色，更在各方面都表現出色，最後還開始負責為整個團隊舉辦活動。她找到最棒的場地、選出完美的菜單，甚至挑出理想的花藝配色。我們倆對細節的要求非常相似，把計畫交給狄妮絲總是讓我很放心。

她問我的問題都與如何讓她在職位上成長或突破有關，也因為她的優秀表現而讓亞馬遜注意到她。她目前負責串流部門的活動推廣，「全球媒體暨娛樂行銷專案經理」這個職稱則體現了她廣泛的才能，我當然也歡慶她的成功。

切記，導師早在正式導師制度（或辦公大樓）出現前就存在了。有很多方法能找出願意挑戰妳、鼓勵妳、啟發妳邁向成功的人。

不該做：關注標籤

當我大聲又自豪地把我的成就歸功於許多導師時，實際上，依照某種定義來看，我並未真正擁有過導師。無論是哈里斯或巴瑞都沒

有被認定為我的導師，我當時也並非如此看待他們，直到很久以後我才這樣覺得。我在波士頓公共電視台的老闆亨利・貝克頓（Henry Bacton）也是同樣的狀況，他對二十幾歲的我經常跑進他辦公室，把他當個人顧問和傳聲筒展現出極大的包容心。我所經歷過並從中獲益的導生關係，從來沒有得到正名，也不是刻意安排的，而是後來回顧時才變得顯而易見。

簡單來說，我的導生關係沒有標籤，但我注意到現今一個相反的現象。在尋求看似貼著導師標籤的人時，人們錯過了許多非正式機會，從而錯失那些能教妳很多，可以讓妳學習、成長、共事的對象。導師的益處來自我們做的事，而不是對這個人的描述。把焦點放在盡可能向更多的對象學習上，只要行為舉止看起來像個導師，隨妳要怎麼稱呼他都行。

應該做：互相交流

導師制度不是交易，但妳應該務實點。實際上，如果妳可以讓這段關係變成對彼此都有價值的雙贏局面，對方會更願意投注經營與妳的關係。

有個我認識的編輯，在大學時曾與一位國家級報社記者喝咖啡（對她這種滿懷抱負的記者來說已經是中大獎了），並將那次機會轉變成多年的導生關係。她是怎麼辦到的？當那位導師撰文需要引用年輕人的消息來源時，她協助建立兩者間的連結（甚至她自己也被引用

過幾次）。她也會向導師更新有趣的趨勢或近期在年輕女性間造成衝擊的故事，在這些事變成全國性的新聞前先告訴導師。後來導師出書時，她也幫忙做研究。

把導師想像成大公無私、單純只想提拔下一代人才雖然沒問題，但事實上，我們都是人，而人類某種程度來說都是自私的。所以，導生關係應該是雙向的。花時間去和妳敬仰的對象發展真誠的關係，瞭解他們的需求，無論何時何地，只要能幫得上忙的事就去做。也許是在會議上幫忙記錄，也許是幫忙介紹妳比較熟悉的人，無論是什麼，找到付出的方式，別只是單向接受。

不該做：往心裡去

最棒的導師是挑戰型導師，他們有時似乎很殘忍。我有時也會想把某些人勒死，但很多女性會把「難搞」、「粗魯」的話往心裡去，把那些對我們找麻煩的人都想成對方希望我們失敗，而不去思考他們也許知道我們可以做得更好、希望我們成功的可能性，也忘了我們其實不需要喜歡自己學習的對象。事實上，通常在不喜歡的人身上能學到更多。

分辨特徵

這通常有點主觀，但如果妳不確定某個老是刁難妳的人是不是其實在教妳，分辨這些特徵（有毒或是嚴厲的愛），看看他們屬於哪一種。

有毒	嚴厲的愛
☐ 真的嚇到妳	☐ 為他們工作的人都有出色的成就
☐ 對妳破口大罵	
☐ 做出性化的評論	☐ 上班時要求績效,但尊重妳的下班時間
☐ 因妳無法控制的事而責怪妳	
☐ 搶走妳的功勞	☐ 對妳要求很高,但不會高過他們對自己的要求
☐ 經常提高聲量	
☐ 經常開除人,或員工做沒多久就辭職	☐ 要求妳認真工作,他們也一樣認真
☐ 不尊重妳下班後的時間	☐ 妳能夠自豪地說自己在為他們工作
☐ 挑撥員工之間的關係	
☐ 在背後誹謗或批評同事	☐ 後來證明他們嚴格甚至有點傷人的回饋是對的
	☐ 無論結果是好是壞,他們會為自己做的決定負責

如果妳覺得老闆太不公平、挑戰性太高、要求太高,或是覺得前輩找妳麻煩,別想太多,適時地將心態從「我被虐待了」轉換成「我在接受指導」。的確,每個產業都有討厭鬼,但如果是妳老闆,很可能他們是站在妳這邊的,畢竟他們跟妳是同個團隊。如果他們真的很難搞,可能是因為成功總是得來不易。

還有一點很重要,挑戰型導師通常是我們的老闆,但並非所有挑戰型老闆都是導師。「要求高」到令人難受和「希望」(甚至享受)讓妳難受是有差別的;試著讓妳成長和試圖毀了妳也不一樣。

我相信珍・芳達（Jane Fonda）在八零年代健身錄影帶裡的口號「沒有痛苦就沒有收穫」是對的，但如果工作全是痛苦而沒有收穫，經常被打壓卻沒人教妳該如何把自己拉回來，那就別想著維持導生關係了，盡可能剪斷關係，甚至辭職也可以。無論如何定義，妳都不必忍受有毒的工作環境。

應該做：看看周圍

我們通常會認為導生關係中的權力不對等，畢竟是導師和學生，對吧？但其實不一定。我的職涯中最正式（也最好玩）的導生關係之一，是和我同階的卡蘿爾・布雷克（Carole Black）。她在媒體業素有極度樂觀、精明、真誠又討人喜歡之名。有些人可能會說她是我的同儕導師，而我自己也稱她為可敬的人。

在 USA 電視網經歷某次經營權變動時，我突然打電話給卡蘿爾尋求她的建議。她當時在我的競爭對手 Lifetime 娛樂擔任董事長兼總裁，打破了玻璃天花板，成為電視圈首位女性總裁。我懷疑她當時根本不知道我是誰，但她還是接了我的電話，非常優雅、樂於助人，且出奇地富有洞察力。

從那時起，她就是我最大的啦啦隊之一。在男性主導的產業裡，我們兩個女強人選擇將彼此當成夥伴而非視為對手。當史蒂芬・史匹柏在科幻頻道播出的迷你影集《天劫》，以些微票數贏得艾美獎時，她站在觀眾席中，像我的團隊一樣大聲鼓掌。當我在某些業界活動場

合演講時，我知道事後總會收到她的郵件，內容通常類似「哈囉美女，妳表現得太棒了！」

看看周圍，找出同儕導師，一起慶功、一起分擔失敗、一起制定策略，可以讓妳們一起在職場上邁向成功。簡而言之，幫妳自己找個卡蘿爾‧布雷克吧！

不該做：把導生關係當成拓展人脈

身為導師，我的目標是協助對方駕馭複雜的處境，但這是說我會教他們怎麼看地圖，而不是成為載他們去下個目的地的司機。很多人以為導生關係就是拓展人脈，以為導生關係的用意是為了建立其他人際關係，因此，他們會在導師感到被利用的最低限度內盡可能利用，這是雙輸局面。如果妳想拓展工作領域內的人脈，就去社交場合。（任何地方都可以，真的，如果妳去得多了，人際關係自然而然就會發生。）但如果妳想拓展自己的技能、職責和眼界，就得找導師。

意外成功的導生關係：普莉亞（Priya）和帕德瑪（Padma）

有時最好的導生關係來自介紹兩個人認識後，讓他們自行發展。我認識普莉亞‧克里虛那（Priya Krishna），是因為她與我兒子傑西和他太太伊麗莎白在大學時期成為朋友。我很快就知道普莉亞對食物和烹飪非常有興趣，她在大學時就開始撰寫食物相關的文章。於是，我把她介紹給曾因擔任 Bravo 頻道《頂尖主廚大對決》主持人而登上職涯高峰的帕德瑪‧拉克什米（Padma Lakshmi），我認識帕德瑪是因為她在《消弭仇恨》

電視廣告中幫了很大的忙。普莉亞剛開始是幫忙照顧帕德瑪家的孩子，但帕德瑪很快就把普莉亞納入羽翼，並引導普莉亞邁向她出版食譜的夢想（《印度風味》（*Indian-ish*）是 2019 年的暢銷書），並獲得渴望已久的《紐約時報》（*New York Times*）食物專欄作家工作。帕德瑪和普莉亞是慷慨的導生關係絕妙案例，也是意外完美的導生組合。

應該做：保持聯繫

有些很棒的導生關係始於職場，包括我自己大部分的狀況也是如此，但最棒的導生關係不會止步於職場。在不再與巴瑞共事後很久，我依然跟他保持聯繫，現在我還擔任他 IAC 公司的董事。我仍持續向他學習，偶爾也有機會教他一兩件事。

與所有指導過妳及妳指導過的人保持聯繫，當妳達成職涯中的里程碑，不管是換新工作或是升職，都可以和導師及學生分享，畢竟他們某程度上也幫妳走這裡。告知他們，是讓他們與妳共享此刻最簡單的方法。

同樣地，當妳聽到他們的消息時，無論好壞都可以聯絡對方，表達妳的快樂、傷心或支持。當看到任何讓妳想到他們的事物時，無論是雜誌文章、妳知道對方可能會喜歡的有趣故事、長得很像的名人，或是妳們合影的舊照片，說句話吧。相信一位和幾乎所有導師和學生都保持聯繫的人：這真是個好主意！也是充分利用時間的好方法。

᧗ 結語

　　能夠擁有「比妳強的朋友」作為顧問、傳聲筒、老師、心理醫師、啦啦隊、知己這樣的支持型導師是很棒的。但我們還需要另一種導師，我們需要挑戰者、批評者和對手。如果說，在美國企業界這 50 年來教會了我什麼，那就是女性擁有的*第二類*導師仍然不足。尤其是到現在，儘管正式的導師制度隨處可見，但依然以美好友善為主。要在這個對我們不利的世界中成功，就需要能指出我們錯誤，並把我們拉回正軌的導師。我們需要挑戰型導師！

4. 內在很重要 /
外在同樣重要

我們被告知：「內在很重要」

大多數人都聽過這句諺語：最重要的是我們的內在。作為成年人，面對皺紋、毛躁的頭髮、瑕疵、過時走樣的衣服所產生的不安全感，我們也經常這樣安慰自己，我們真正的價值在於智慧與內心、個性與關注事務的優先順序、工作技能與經歷、興趣和意圖……這些眼睛無法看到的東西，這些不正是最終決定我們命運的事嗎？

事實：「外在同樣重要」

除非妳是放射學家或機場的美國運輸安全管理局身體掃描儀操作員，否則妳通常會依照人們的外在進行判斷，就像別人也會依照妳的外在來判斷妳一樣。

每個人都是如此。我們都聽過「妳永遠不會有第二次機會留下第一印象」，數據也是如此顯示。雖然確切的時間仍有爭議，但專家認為，建構一個人的具體印象需要大約 7 至 27 秒，而普林斯頓兩位心理學家的著名研究則指出，時間甚至比這更短，只需要 1/10 秒就會開始對某些特徵形成看法，像是是否值得信任或討人喜歡。

別指望那些有時間透過交談來互相認識、瞭解彼此背景或找出共

同興趣愛好而建立的交情，那殘酷的 1/10 秒甚至連眨眼的時間都不夠，然而印象一旦形成便會持續，並且對於我們的浪漫機會、被聘用（或錯失）的工作產生巨大的影響。雖然我們可能會認為工作表現會為我們發聲，但事實上並非如此。我們要為自己的工作發聲，而且更多時候，我們甚至還沒開口之前就已經在發聲了。

我說「外在同樣重要」，真的是指字面上的意思。美國加州大學洛杉磯分校的前教授、溝通專家艾伯特·麥拉賓（Albert Mehrabian）發現，言語內容只占第一印象的 7%，表達方式占了 38%，而最主要的 55% 則取決於人們看到的東西。

顯然，外在比內在重要得多，甚至遠高於多數人所認知或理解的程度。

忽視這個事實（尤其是在工作上），等同於自我破壞。我要聲明，所謂的「外在」並不是指美麗、運動能力或外貌吸引力，而是指我們對外界展示的一切，也就是指我們的儀態。關注這些並不膚淺，反而是極其重要的。

我們的外在包含肢體語言和臉部表情，像是眼神交會、微笑、姿勢，甚至握手的方式；打扮的服裝和風格；說話時的語氣、語調和音量，以及傾聽時表現出的興趣（包括眼神接觸）；還有情緒與投射出的情感狀態，以及散發的自信。

當我們走進某個場合的那一刻，這些外在屬性就會立刻影響別人對我們的印象，例如是否值得信任、能幹、有力量、可靠、親切、有

活力、有趣、專業、細心和有創意。這些外在屬性不僅是表現出我們，而是強烈地傳達，若能有效地利用它們，不只能幫助我們脫穎而出，甚至在我們離開後仍然能持續發揮影響。

外在屬性提供我們發光的機會，但也可能在我們剛踏上起跑線時就結束比賽。我們無法控制別人是否因性別（或有意無意地在我們身上投射其他偏見）而低估我們，但至少可以試著影響他們輕率的判斷。例如，當別人看見我們的邋遢樣，就斷定我們的生活一團糟。老實說，有時這樣的結論是對的。

即使在與時尚或美學無關的領域，不注重打扮的人就意味著他們的工作能力比較差或比較不可靠，這樣公平嗎？有人認為這很合理，因為如果一個人會忽略生活的某一方面，很有可能也會忽略其他事。即使這不公平，現實就是如此。人們想要瞭解他們身邊的人，就會從周遭一切尋找線索。我們可以選擇坐在那裡抱怨這一切，或是選擇利用它來為我們發揮作用和力量。

在電視圈工作幾十年讓我知道，表面看到的並不一定就是事實。當然，視覺上的部分不能代表一切，但外表和展現的氣場可以在開口前就先表達我們的意圖，這是一種還沒拿到工作前先進入角色的捷徑。為什麼這麼多演員要在試鏡時穿著角色的服裝？這不僅是好萊塢或電視業的現象，出於這個理由而聘用形象顧問的女性政治人物數量，也遠遠超過妳的想像。同樣地，新興的個人教練業也為各個職業階層的女性與男性提供服務。要說服別人我們能勝任某個工作，我們

必須在工作表現和外在都令人信服。

無論外表多麼重要，光是這樣依然不夠。別人可能會因為我們完美的姿勢或適時的手勢，而認為我們很有力量或極具影響力（真的，這些特徵可以讓我們看起來很有掌控力！）然而，如果這個印象沒有超越表面並真正展現出來，就會立刻消散，我們也無法長久保持力量和影響力。

這無關外在與內在哪個更重要，應該這樣看：外在自我是內在自我的*代理人*。

如果我們呈現給他人的形象與我們的價值觀、行為、能力、本能和言語不一致，建構出的一切就會像紙牌屋般一碰就倒。外在表現應該與內在一致，絕對必須和*真實的*自我保持一致。

這表示我們只要做自己就好嗎？不完全是。

最近，我看到「做自己」落入太多其他令人感覺良好的口號陷阱。大家信以為真，幾乎流於字面意義，被解讀為只要感覺「真實」，就能當成只做最低限度的理由。但如果我們的目標是在生活、工作和人際關係上追求卓越，那我們就需要展現卓越以達到目標。

所以，請考慮：不要只是做自己，而是做*最好的*自己。

ᏣᎳ 我的視角

幾年前，有個電視業的女性搬到我住的康乃狄克州海邊小鎮。

我只在一場大型的產業聚會裡見過她一次，我們在不同公司的不

同部門工作，職位和職務也不同。但既然她現在算是我的鄰居，我和先生便帶著香檳走去她家表示對她的歡迎。我們寒暄一陣，玩起「誰是我們都認識的人？」遊戲。如果說我還記得更多關於第一次對話的內容，那就是在撒謊了。我記得的是第二次對話，這位業界夥伴轉頭跟她先生說：「在見面前，我就覺得我認識邦妮，因為我認識『邦妮品牌』。」

剛開始我有點困惑，「我有品牌？」我對這個概念非常熟悉，也曾在管理電視台期間重建多個頻道的品牌，但我從沒想過我會有自己的品牌，或是成為一個品牌。然而，我愈是深入思考，愈覺得這很合理。雖然我的新鄰居不知道，但我的「品牌」其實是經過反覆試驗而成，並不是一夕之間突然出現的。

我這一生從未走過尋常的路，不管是衣著、言行、思維或表現自己的方式，我從不模仿別人。與尋常相對的就是品牌，而正是這個過程成就了現在的我。

這樣想吧，出色的外在需要令人難忘的外觀，但就如同任何商品一樣，包裝只是體驗的一部分。最成功的品牌涵蓋並整合了好的標語、廣告、代言人以及絕佳的產品，全球第一品牌蘋果就是一個很棒的例子。當妳提到這個品牌時，人們腦中就會浮現清晰的形象：可以清楚看到宣傳看板和廣告，能夠想像店內店外的樣子，甚至可以預測未來產品的設計和使用者介面。果粉遍布全球，他們在還沒搞清楚具體內容前，就願意購買或下載蘋果推出的任何產品，因為他們相信這

個品牌，知道商品的品質、創意和實用性足以令人期待。

　　同樣地，當妳的外在與內在能保持一致，就能得到真實的個人品牌，也就是所謂的未見其人，先聞其名。

　　想起《Vogue》資深總編安娜·溫圖（Anna Wintour），她在時尚與編輯領域工作數十年，從 14 歲開始留的招牌鮑伯頭和有度數的特大號黑色墨鏡，已成為她的標誌。她的個人品牌之所以能成功，是因為它並不膚淺，不是一時的狂熱或趨勢，而是完美符合大眾對時尚界最有影響力的人之一，以及全球最具影響力的雜誌之一掌舵人的期待：有點淡然、幾乎超脫塵世、永恆且極為敏銳。

　　其他很棒的個人品牌還有美國全國廣播公司的明星主播瑞秋·瑪多（Rachel Maddow）。她和溫圖一樣有招牌短髮和粗框眼鏡。她的視覺特色非常明顯，因為 T 恤、牛仔褲和西裝外套的搭配，暗示著她忙於工作與思考，沒太多時間費心打扮。作為有線電視新聞界評價極高的人物，瑪多展現出極易親近的書呆子形象。撇除政治因素，她的報導總是經過充分調查，且經常出乎意料，就像妳最聰明的朋友熱心地與妳分享她剛得知的消息一樣。瑪多經常是擁有最多觀眾的主持人，她能主宰有線電視新聞的原因在於：觀眾覺得自己認識她，對她有信任感，因為觀眾認識並信任她的個人品牌。

　　有時，個人品牌能主動卸掉既有的刻板印象，並表達真實的自我。詩人阿曼達·戈爾曼（Amanda Gorman）的極完美形象，以無懈可擊的服裝、經典的線條、明亮的顏色和優雅的儀態，與大眾對詩人

波西米亞風或嬉皮風的印象形成鮮明的對比。戈爾曼威嚴的風格讓我們認真看待她和她的作品，從她踏進某場合或站上講台的那一刻起，就傳遞出她是一位在各方面都非常傑出的女性。她選擇的顏色和圖案也清楚地傳達她的光明與樂觀，無論視覺或聽覺，她都吸引了我們的注意力。

在我的世界裡，我想我也有自己的視覺品牌。我承認自己有點像是時尚達人，喜歡衣服、鞋子和珠寶，我從不因為穿皮褲或花時間尋找適合的褲子而感到丟臉。衣服是我個性的一部分，而我的個人風格標誌也是我的重要信條。

剛開始，我只是對每個細節都異常在意。衣服必須修改得非常合身，指甲要修得乾淨完美（對，我隨時會帶著指甲挫刀，書桌抽屜裡也有指甲刷，因為我有兩隻狗，指甲裡會有牠們的灰塵和皮屑），衣擺裙擺都必須毫無瑕疵，甚至襪子也必須和我的服裝完美搭配才行。我對工作也抱持同樣的態度，即使是相對不起眼的矛盾或缺陷，例如在拍攝現場，對話台詞中的某一句或是某個角色的服裝錯了，都能讓我放棄整個節目。每個認識我或瞭解我的人都知道這一點。

關於穿著，我的做法是偏離主流一些。當女性開始在職場上穿長褲套裝與高跟鞋時，我選擇中長裙和靴子。現在中長裙開始流行，我就改穿皮褲、印花褲和塗層褲等褲裝。我並不是要特立獨行，事實上，我通常穿黑白色系，沒有花俏的顏色或令人分心的花樣，但我也不想淹沒在人群裡。因此，我的穿衣哲學和工作態度一樣：在不製造太多

噪音的情況下，找到讓人聽見的方法。

　　我的個人風格思維或許可以總結為「大部分實用，搭配少量必要的有趣元素」。當我打扮時，真的是為了工作，每一次走紅毯，我都不會穿及地的長禮服，畢竟我是以高層主管身分出席，沒興趣被誤認為其他角色，更沒興趣把自己絆倒。我的目標是要聽見「妳看起來真美」，而不是「我喜歡妳的洋裝」。我用服裝來提升與補充自己，而不是壓過我本人或分散注意力。我穿的每套衣服都不會太正式，一定會結合一些有趣的元素，例如有個性的浮誇項鍊、很酷的腰帶、有趣的夾克外套或是跳色搭配。這一點也適用於我帶領過的每個團隊，不會過度重視正式與傳統，協調地組合有趣與舒適才重要。

　　我的鞋子也依循這個思維，時髦且實用，也就是說不穿超高跟鞋，即使多幾吋可能對我這 5 呎 4 吋（約 163 公分）的身高有點幫助（我只在正式場合打破這個原則，還得先吞兩顆止痛藥）。我不是那種整天坐在辦公室的高層主管，我一直在走動，在各樓層、攝影棚、拍攝現場間來回穿梭，或跟經紀人去餐廳與演員和工作人員午餐會議，所以我不能被水泡或腫脹的腳趾拖慢速度。

　　就像溫圖和瑪多，我的「髮型」也是我個人品牌的一部分。我的髮型有個故事，職涯的前半段，我費盡心力整理一頭狂野的自然捲，直到有個（男性）老闆在視訊通話裡大吼：「漢默，把妳那該死的頭髮他媽的滾出鏡頭！」坦白說，當時確實是有點失控了。

　　現在基本上已不能評論別人的外表，尤其是負面形容，特別是在

職場上。相信我，我以前也對這些評論很不爽，但多年後，我甚至感謝這些評論。我留著捲髮只是因為我是自然捲，不管是用髮膠、燙髮梳還是其他造型工具，要維持髮型都非常沉悶且耗時，所以我做出改變。雖然品牌應該維持一致性，但也應該要能接受回饋意見並在必要時進化，個人品牌也是如此。

做了幾次不同嘗試後，我終於找到一個「比較不令人分心」並且更適合我的髮型——分層剪和蓋眉瀏海，讓我從此只要用更少的產品和時間就能輕鬆維持髮型。就像一款很棒的皮包，我的髮型也能輕鬆搭配正式和休閒服裝，這對於有時在拍攝現場待一整天，接著趕往業界奢華晚宴而沒時間洗澡、換衣服甚至梳頭髮的我來說，非常完美。

更棒的是，新造型讓我優雅地變老，讓我不需放棄不做任何醫美的個人決定。我的座右銘：要瀏海，不要肉毒桿菌素。（在這個過度整型的產業裡，我斷過卻沒整過的鼻子，可能也讓我與眾不同。）

頂著捲髮，我是在「做自己」；而現在的髮型則讓我能展現*最好的*自己。這不見得能在第一次嘗試新髮型或衣服時就能找出來。

就連飲酒的選擇也是我個人品牌的一部分。我幾乎都是點龍舌蘭加冰，因為我相信，好東西不該被稀釋，這也是我的原則和品味，無論是喝酒、電視台口號，或是埋沒在前言不搭後語裡的絕妙主意都一樣。如果我喜歡，我就希望它是最純粹的形式（我有點控制狂，無論在酒吧還是工作，我都喜歡知道自己得到的是什麼），不同地方調出的咖啡馬丁尼喝起來可能完全不同，但一瓶阿祖爾龍舌蘭無論在哪裡

味道都一樣。

這就是我的個人品牌，它不僅讓我在冷酷無情的產業裡與眾不同，也讓僱用我的人覺得他們知道自己找來的是怎樣的人，而不是一場賭注，因為我的名聲和過往紀錄已說明一切。

這同時也讓那些為我工作的人知道他們將來要面對什麼，以及我對他們的期待。他們知道我對自己要求的標準非常高，這為我的團隊設下門檻標準，甚至提高了一些，而他們會努力達成。

在 USA 電視網的任何大型會議或簡報前，最後一個問題都是：「漢默級」準備好了嗎？這句話有著具體的意義：有沒有錯字？格式正確嗎？有沒有一句話能表達這個想法或論點？是否會無聊到讓人打瞌睡？有沒有加入好玩的元素，例如卡通、變位詞 * 或笑話？所有團隊成員的意見都考量過了嗎？

另外也有些形而上的意義：是否已經思考並仔細考慮過所有選項？是否極其精煉且專業？是否巧妙地表達觀點，還是讓人感覺被強迫接受？是否符合預期的背景設定，還是會令人分心或是顯得格格不入？是否從第一頁開始就像是會被核准的專案？是否符合我們電視網的品牌形象？

我接手 USA 電視網後的首要工作之一，就是建立品牌濾鏡。核

---

* 譯註：變位詞（anagram）是一種將相同字母不同排列順序而產生不同意思，卻又暗藏玄機的詞語遊戲。例如安靜（silent）和傾聽（listen）、宿舍（dormitory）和髒房間（dirty Room）。

准播出的每個影集都必須以可愛但有缺點的人物為中心，帶著幽默感的戲劇性，並必須在真實或象徵意義上的藍天下拍攝。這就是 USA 電視網的品牌，超越任何單一節目，為我們的決策提供了規劃藍圖。它不能保證成功，但*確實*增加成功的可能性。

同樣地，我的團隊也可以透過「邦妮濾鏡」篩選工作和想法。他們知道我想要什麼、對我來說重要的是什麼、以及我無法忍受和不會接受的事情。

當康乃狄克的鄰居提起我的「品牌」時，我想她指的就是這個。「邦妮品牌」雖然真實可靠，但對我來說，它並非自然地、毫不費力或直接憑空出現，需要付出努力才能展現最好的自己。

在三十出頭時，我在 Lifetime 娛樂擔任原創影集導演時期，接受過「360 度」績效評估，也就是由主管、同事和下屬對我做出匿名評價，我當時不知道這是美國企業界很常見的績效評估方式。總而言之，我被評估的結果令人非常震驚。根據評估結果，有些人覺得我難以親近也令人討厭，覺得我是個過度自信、自以為是的無所不知小姐。我記得我當時很震驚，主要是因為我其實很沒有安全感，我根本不知道自己在 Lifetime 娛樂幹嘛，這是我第一次負責開發職務而不是執行製作，我絕對很清楚自己有多無知。

最重要的是，我完全缺乏自覺。

這次評估讓我深切自省，直到我發現問題在於我害怕去問那些困擾自己的問題，我努力想辦法自己把事情搞清楚，讓人覺得我認為自

己可以立刻瞭解一切。因為害怕看起來不自信，我反而表現出虛假的自信感，讓人覺得我很傲慢；因為害怕在我的第一個紐約電視工作上顯得不夠專業，我雖表現親切，但與人保持距離，反而讓人覺得我不友善且難以親近。我的外在舉止與我內心的感覺完全背道而馳，讓我陷入困境。

360 度績效評估在我職涯的關鍵時刻敲響警鐘。當我真的穿越馬路（真的就是字面上的穿越馬路），開啟在 USA 電視網的新工作時（後來我待了 30 年），我採取了不同的方式。

是的，我專注於友善與合作，這原就是我的本性，也是我在 Lifetime 娛樂之前一貫的做法（我再也不想給人自以為是的印象）。更重要的是，我的整體言行舉止都變了，而不是只做單一改變。自那時起，我的內心感受與外在展現再也無差異。與其試圖掩飾不安全感和脆弱，我反而選擇與其他人分享，自我認知成為我最重要的資產。

我知道我們很難從別人的角度來看自己，尤其如果別人不想表現出來的話就更難察覺了。所以我現在把它當成某種使命，給予這類真實大方（即使看起來不太像）的回饋，特別是那些可能會讓人被忽視，甚至會模糊其潛在才能的特徵。

我的前任研究主管有著鋼鐵般的形象。開會時，她連一點點微笑都沒有，給人一種錯誤且無禮的印象。我要特別強調，她是我認識最溫暖、最親切的人之一，但作為一個整日埋首於數字和資料的女性，尤其是考慮到她比大部分的男性同儕更優秀，她希望至少被同樣嚴肅

地看待，也是可以理解的。她堅信，唯有以一本正經、冷靜的態度才能傳達她收集的決定性事實。她原本是希望顯得中立可靠，但結果卻給人一種對評估的專案和節目妄下論斷，甚至有恫嚇感的印象。

當我告訴她，她傳達訊息的方式阻礙了她原本的首要目標，也就是想與其他人和團隊交流並協助他們架構工作，她完全可以接受。和我一樣，她只是需要一個提醒，我告訴她的那一刻起，她就開始變得放鬆、笑容也變多，甚至開始自嘲（或是拿資料開玩笑）。她對表達方式的調整與她實際的工作表現無關，卻與傳達工作成果大有關係，且收到顯著的成效。隨著愈來愈對多人對她產生好感，她成為「研究女王」，也是大家最喜歡共事的人。最後，她從 USA 電視網及超自然科幻頻道的研究主管，晉升為 NBC 環球集團旗下所有有線電視平台的研究主管。

至於負責品牌重建的超自然科幻頻道行銷主管，他的問題在於，後梳油頭與口袋巾塑造出與他真實形象不符的個人品牌。作為他的上司，我非常清楚他有多麼擅長他的工作，他非常聰明、風趣，各方面都非常出色，但時髦的髮型和過於完美無瑕（而且看起來就很貴）的西裝讓他看起來很假。和他最像的角色就是典藏版的肯尼娃娃，看起來很漂亮，但應該要擺在原裝盒裡放在櫃上展示。至少我上司的看法如此，原本要晉升他的計畫也推遲了。

他對其他品牌瞭若指掌，但對自己的品牌似乎不太瞭解。他是個行銷專家，但似乎忘了他自己也是需要行銷的個人品牌。他的個人風

格與他想吸引的休閒觀眾完全不符，無論是外部的超自然科幻頻道觀眾，或是內部那位夢想著有天能穿牛仔褲在蒙大拿牧場度日的 NBC 環球集團執行長。

所以，我在領導層面支持他，同時也*對他*直言不諱：「大家必須相信妳是真實且具有親和力的，但妳卻給人一種過度打扮的印象。」所幸，就像我的研究主管一樣，他接受我的回饋，或者妳可以說我的介入發揮了作用。他開始放棄口袋巾和髮膠，並開始打扮得比較低調，他的個性、工作和工作態度大放異彩。他得到早就該屬於他的晉升，從負責行銷電視網到營運另一個電視網。如果他願意，他的口袋巾也可以找到適合的位置並迎合觀眾的喜好。

我知道改變不是件容易的事，尤其是一輩子都聽到「內在才最重要」這種話，要我們改變外在形象就更困難了。但是在經過幾十年來小心發展自我品牌，並觀察自己與他人的差異後，我明白外在和內在有很深的連結。

如果要打造能讓人記住、受到尊重以及好口碑的品牌，每個細節都很重要，別人在我們身上看見的*必須*與他們對我們的瞭解一致。

᧥ 搞定它

當然，內在很重要，*確實是如此*。但外表也同樣重要，忽視這個事實並不是中立的行為。漠視形象和外表並不會讓這個世界更接近我們，看清楚我們最真實的自我，而是在豎起障礙，使我們變得模糊不

清，讓別人看不清楚我們。這樣做會讓自己處於不利的位置，甚至可能導致失望。生活裡有這麼多無法掌控的事，何不掌握那些我們能控制的事呢？從頭到腳，有很多簡單的事是我們可以做到且有助於邁向成功，另一方面，讓我們的內在能展現出自己其他面向。

所以……

維持妳的姿態

妳可能從沒看過自己的背影（至少在沒有鏡子的情況下），但妳的背影對別人如何看待妳有很大的影響。好的姿態不僅可以讓妳看起來身高更高，還能顯得更有信心、自信、泰然自若、專注且迷人；即使妳非常投入，不良的姿態仍會傳達出厭煩和缺乏興趣的感覺。除非妳要暗示某人妳的心思不在此，否則記得妳的姿態將會為別人對妳的認知定調。

把無精打采的樣子留到深夜的沙發上吧。保持脊椎挺直不僅好看並改善姿態，還能讓妳感覺更平靜與自信。不良的姿態會影響呼吸的順暢，因此無論是坐著或站著，適當的姿勢都能幫妳的身體維持並調節一整天的能量水平，甚至可以提高妳的精力和注意力。

眼神交流

看著對方的眼睛是個表達想多瞭解他們的好方法，同樣也是讓對方多認識妳的好方法。無論妳是說話或傾聽的一方，在對話時眼神交

流是展現尊重、興趣和理解的最佳方式。由於大腦的神經元會隨著眼神交流活化，幫助我們理解對方的情感狀態，甚至可以培養雙方的親密感和連結。此外，眼睛也會說話，輕鬆的眼神交流讓人看起來更坦誠自信；反之，若是避開目光則會顯得焦慮、不誠實或兩者兼有。恍惚呆滯的眼神或是盯著手機螢幕，則會給人一種沒興趣、不尊重對方甚至困惑的印象。

不過當妳注視別人眼睛的時候，別忘了尊重對方的個人空間。

傾聽

如果妳希望無論走到哪都能被看見與賞識，就要確保身邊的每個人也都感到被認可與感謝。主動傾聽能建立融洽的關係，減少誤解，鼓勵合作並增加同理心。當別人說話時，抑制住思考接下來要說什麼的衝動，專注聆聽（並適時點頭或提問來表示妳的投入）。如果妳真的想讓人留下深刻印象，當身邊有其他人時，即使還沒有人開口，也要保持精神振作。與同事一起搭電梯時，不妨試試把耳機拿下來，妳會驚訝於光是聆聽就得到的訊息。此外，妳對於對話愈是保持開放態度，別人愈有意願開啟對話。

保持微笑

微笑無可替代。即使妳的內心非常溫暖友善，但如果妳的表情沒有反映出來，沒人會知道，也沒人會在乎。微笑是對別人發出的積極

邀請，讓妳看起來容易親近與友好，也能傳遞信心，甚至有助於妳在緊張的情況下放鬆。所以，笑一笑吧！

保持衛生

我知道這聽起來很荒謬，應該不用特別強調，但尤其是在這幾年居家辦公或混合辦公之後，妳可能發現有些同事似乎忘了現實生活裡沒有 Zoom 濾鏡。如果妳看起來像是不打算考慮改變自己的形象，別人會不禁懷疑妳對工作能付出多少心思。所以，檢查妳的牙齒、口氣、髮型和服裝，拒絕一切看起來像是剛睡醒或家居服的東西。保持良好的衛生習慣，好好打理自己，多用點心能走更遠。

留意手臂

說到儀態，手臂是人類盔甲的重要關鍵組成。手臂輕鬆自然地垂在身體兩側會釋放出開放與親和的訊息，若是有意識且熱情地使用手勢則能傳達能量與熱情，無論何者都能幫助我們對來往的對象展開魅力攻勢。當然，並不是只有這兩種選擇。曾明言自己很重視肢體語言的肯尼‧羅傑斯（Kenny Rogers）曾說過一句值得每個人都留心的話：「妳必須知道何時該握住手臂，何時該交叉雙臂。」

如果想展現溫暖，可以適時地用雙臂去擁抱或握住對方；若不是適當的時機或者有疑慮時，則應該克制*自己*。除非是想對某人或某種情形表達冷漠或是保持距離，否則應該避免像焦慮的青少年那樣將雙

臂交叉在胸前。無論是否有意，這都會讓人覺得妳戒備不安，就像我們的雙臂一樣把自己封閉起來。

如果妳手肘鋒利（個性尖銳），就試著把它磨平一些。在前進人生的道路上，人們通常會有意無意地將別人推開（無論對方是不是真的擋路），他們不是表現得過度好勝與過度防衛，就是對於分享及合作一點興趣也沒有。有雷慎入：就長遠來看，尖銳的手肘（個性）只*會讓妳自己受傷*。

照照鏡子

外表是個很微妙的題材。通常髮型或其他個人特色會用以貶抑女性（尤其是有色女性），認為她們不專業。我認為改變髮型對我來說是正確的決定，對其他人來說卻未必如此。但我相信，大多數人都會有類似我這樣的故事版本，關於某個外貌特徵讓他人無法看見並用心

對待我們真正的優點。對我的一位編劇來說，就是她的眼圈。她堅持說自己從小就有黑眼圈，睡得再多也不會改善，但因為我從沒見過她不用遮瑕膏的樣子，所以她的眼圈問題有多嚴重我也無從得知。

她的故事是……有次她沒化妝遮黑眼圈就上班，一位有毒的主管問她是不是宿醉了，從此她再也不會沒化妝就出現在工作場合。掩蓋自己的天然狀態真的是公平或必要的嗎？當然不是。但就像我一樣，她知道自己身上有些特徵會讓人分散注意力，導致無法看見她真正的價值，而這狀況她可以輕鬆調整，讓外表看起來更有說服力。她只需要照照鏡子。

穿適合的衣服

我不相信一個人的整體形象取決於衣櫃，或是「（女）人要衣裝」，但我確實相信衣服會帶來影響，不過前提是必須適合。在穿衣打扮前問自己這些問題：

1. *它適合我的身形嗎？*無論一件衣服的品質有多好或多昂貴，如果它不適合妳的骨架，就不可能讓妳看起來很美。因此，先瞭解妳的身形，從妳喜歡的品牌裡找出適合妳的款式並堅持穿它們，或是找個厲害的裁縫師。

2. *它符合我的個性嗎？*不需要為了打扮而妥協妳的自我認同。如果妳一向偏好休閒風格，但卻突然意識到自己在美國企業界工作，試著在正式褲裝和休閒運動服之間找到適當的折衷穿搭

吧。如果妳（像我一樣）討厭禮服，那就不要穿。人在覺得自己處於最佳狀態時，才會展現出自己的最佳狀態；因此，當我們想要展現最好的自我時，就應該要讓自己處在最佳狀態。

3. *它適合這個背景或場合嗎？* 務必瞭解周遭環境，至少要看清楚邀請函最下方寫明的服裝規定。如果妳還是搞不清楚，可以去 Pinterest 網站或 Instagram 找穿搭靈感，幫妳瞭解背景及場合，並依此打扮。（如果有疑慮，寧可講究一點也不要過於樸素。）

掩蓋

這個簡單！保持適切、有禮和聰明。不管妳的胸口是毛茸茸還是有溝，絕對不要在工作場合中露出來。大腿呢？可能也不太適合。內衣肩帶也不要讓人看見。這些都是很容易出錯的基本原則。

避免坐立不安、擺弄、撥動或轉動

緊張時有小動作絕對是正常的，沒什麼好羞於承認。但是，如果發生在不適當的時機，例如開會或午餐演講時，可能會非常令人分心。可惜的是，摳指甲或是抖腳都會讓妳顯得缺乏信心、能力、冷靜與鎮定。事實上，說話時的手部動作可能會影響別人對妳說的話的理解，反過來也會影響我們對他人言論所展現的興趣程度。

所以了解自己在緊張時的小動作習慣，如果無法完全克服，至少一步步暫時擺脫它們。如果妳習慣手繞頭髮，就把頭髮梳到後面，讓

妳沒辦法繞；如果妳的手會動來動去，就做筆記，即使沒什麼需要記下來的緊急事情。無論妳緊張時的小動作是什麼，在它使別人分心或影響妳的形象之前，先找到出方法與它保持距離。

∾ 結語

　　無論是要打造一個讓別人在我們離身後仍能記憶深刻的形象，還是建立一個在別人認識之前就能將我們或其他美好事物連結的個人品牌，都是一件困難的事。但只要外在呈現的樣貌與我們的內在相符，對於自己從頭到腳的形象稍微關心一下，不僅能帶來長遠的效果，更是我們全力以赴、展現最佳自我的方式。

5. 妳可以擁有一切 ／ 妳可以擁有選擇權

我們被告知：「妳可以擁有一切」

充實的工作？有了。愛妳的另一半？有了。聰明、合群又出色的孩子？有了。有幫傭和白籬笆的房子？有了。高薪、有餘力做瑜伽、有時間和姐妹聚會、晚上週末和假日都有家庭時間？統統都有了。聽起來美好得令人難以置信，但多年來「妳可以擁有一切」這句話就像童話故事*和*承諾般，吸引了許多女性。如果有選擇的話，我們的母親或祖母就不必在生活裡做出犧牲與妥協。但那些都過去了，不是嗎？當代女性可以做到、成為、擁有一切我們想要的⋯⋯是嗎？

事實：「妳可以擁有選擇權」

妳可以依字面上的意思，將所有寫到女性是否能擁有一切的書籍、學術論文、報紙、新聞文章和雜誌深度報導（更別提整個網路世界）塞滿圖書館。但我更感興趣的是問另一個問題：到底所謂的「一切」是什麼意思？

現在所謂的「一切」是指成功地在事業、母親身分和感情生活的各種需求間找到平衡，在追求事業抱負、母性以及婚姻或浪漫幸福的同時都能感到充實滿足。但它並不完全是這個意思，不僅是差一點，

根本是差遠了。

《柯夢波丹》雜誌的傳奇總編輯海倫‧葛利‧布朗（Helen Gurley Brown）在 1982 年掀起一場文化革命。當時，《柯夢波丹》是主導市場並挑戰極限的女性雜誌，而布朗則是這一切背後的推手。當她出版《擁有一切：愛情、成功、性、金錢......即使妳從零開始》（*Having It All: Love, Success, Sex, Money ... Even If You're Starting With Nothing*）時，她將「擁有一切」一詞投進主流文化。而對現代女性來說，比擁有一切這句話更令人震驚的，是它省略的子標題和書本身，幾乎毫不提及任何包含家庭與孩子的個人平衡生活。（既然談到這裡，也應該定義清楚這句「擁有一切」起初是對誰〔即使是錯誤的〕的承諾。這個承諾是針對中產階級以上的女性，它的目標受眾是美國企業中的精英女性，但顯然不是指這個國家裡的多數女性。）

對於那位幾乎以此作為書寫主題的女作者來說，擁有一個充滿關愛的家庭生活，與她充滿自信和力量的女性形象相互抵觸。關於有孩子之後的生活，她寫道：「這不是聽起來很難推銷嗎？」而這不僅是布朗的想法。

幾千年來女性被束縛在家裡，以家庭照顧者的角色來定義我們，從格洛麗亞‧斯泰納姆（Gloria Steinem）到凱莉‧布雷蕭（Carrie Bradshow），這些人物都鼓勵我們走出家庭、進入職場、與任何我們想要的對象上床，而從不覺得有義務與床伴定下來共組家庭。

如今，「擁有一切」這個原本代表反抗傳統社會期待以及挑戰家

庭規範的詞語，反而成為更高的期待和更多規範的象徵。我們*不僅*是完美的母親，*也*應該是完美又有抱負的職業婦女。如果有人說兩者兼顧太難了，無法達到平衡，反而會被認為是思想倒退，即使他們只是實事求是。

無論如何我都要說，事實上，要同時把「無微不至的母親」、「忠誠的伴侶」、「敬業的職業婦女」這三個角色都扮演好，並將三者都呈現最佳狀態，就是極度失衡的狀態。

如果考慮到其他大部分在近幾十年都沒改變的現實因素，例如人類的生物鐘、缺乏聯邦法定的家庭照顧假或病假、由雇主決定的生育政策，以及女性肩負的家長會、學校董事會、家務事、各種醫院與牙醫診所預約、以及照顧孩子等「第二輪工作」，或者至少必須去釐清這些責任。因此「擁有一切」不僅難以實現，更幾乎是不可能的事。

光是這些壓力就足以讓女性感覺沉重、不滿和筋疲力竭，即使我們試圖做好一切，也幾乎無法空出少許時間給自己。

冒著聽起來像個壞女性主義者* 的風險，讓我來對這場辯證表達我堅定的反方立場：不，女性*無法*擁有一切，至少不是目前所定義的「一切」，廣泛地概括一切等於什麼都不是。

我並不是說女性應該回到過去，而是希望女性能活在當下並面對

---

* 譯註：壞女性主義出自羅珊·蓋伊（Roxane Gay）的《不良女性主義的告白：我不完美、我混亂、我不怕被討厭，我擁抱女性主義標籤（Bad Feminist: Essays）》，認為這個社會對於女權的錯誤理解讓女權已與仇恨男性畫上等號，她所倡導的男女平等、種族平等都與普羅大眾的觀念相差許多，所以才嘲諷地稱自己為壞女性主義者。

現實，這需要睜開雙眼看清楚這個世界真實的樣貌，而不是將世界幻想成我們希望的樣子。

這並不是指自石器時代或女性主義運動之初和性別革命以來，女性的境遇都沒有改變，也不是說擁有一切的概念無法捕捉到社會的真正變化。它確實捕捉到了！只是我們在描述時用錯詞彙。我們與我們的母親、祖母輩的差別，並不是我們終於可以擁有一切，而是我們不像她們大多數人或是歷史上幾乎的所有女性，我們終於擁有「選擇」。

百年前，大多數女性都被束縛在家中；50 年前，超過 50％的勞動年齡女性並未投入勞動力市場。有一份工作是一回事，有自己的事業則完全是另一回事。如今，唸大學的女性人數幾乎是男性的兩倍，幾乎所有我們夢想的事業，都在我們的選項中觸手可及。

但是，這些選擇和機會是要付出代價的，尤其是當我們也想擁有家庭時。有些真的是明碼標價的，像是兒童照顧會耗掉大部分的薪水，因為生育和照顧小孩而休息的時間也會有經濟損失，而這些損失隨著時間累積，導致職業母親平均工作報酬僅有職業父親的 58％。此外，還有無法計算的情感代價：因為工作而錯失孩子第一次開口說話的罪惡感，或是家裡的青少年被送進校長室而錯過工作截止時間的尷尬。當然，母親永遠是那個被叫去親師面談的人。

如同前路上的所有女性，我們也必須做出妥協和犧牲。不同的是，現在我們有更多話語權。

我們可以選擇專注事業，將成為母親的時間延至工作穩定或能負

擔養育孩子的費用時。但是這麼做，我們也在冒著有悖生理機能的風險。（近 20 年來，荷爾蒙療法、排卵藥、凍卵、試管嬰兒等科學方法已讓這個選項更具可行性，但這些方法通常非常昂貴，更別說那些無法用金錢衡量的情感與生理成本，而且無法保證結果。）

我們也可以選擇不結婚，過著非常充實又美好的生活。然而，從報稅代碼到共乘車道還是不斷提醒我們，這個社會就像諾亞方舟一樣，是為成雙成對的人設計。

我們可以選擇家庭優先，在年輕時就成家並生育孩子。但我們也必須明白，那些養育孩子的寶貴時間幾乎殘酷地與我們本應在工作上探索、找出自己的專業興趣及抱負、建立人脈的時光重疊。正如女性高階主管先驅，百事可樂前執行長盧音德（Indra Nooyi）曾說的：「事業時鐘與生物時鐘幾乎完全互相衝突。」

我們可以選擇事業或孩子，也可以兩者都不選。我們可以帶著 4 條狗一起在森林裡的房子生活，也可以一個人領養孩子。我們可以與各種人建立各種關係，也可以選擇在世界各地旅遊並遠距工作。我們可以找出最適合自己的生活方式。

但我們不能也不該期望擁有一切。首先，最重要的是，因為「一切」並不存在。即使存在，「一切」對每個人來說也不一樣。

我們最多只能期望自己能擁有很多選項，能自己做決定，而在想要改變心意時也能順意而為。這個想法不是什麼吸引人的書名或論文標題。事實上，我們幾乎不可能得到想要的一切，但*將*有可能讓我們

離自己所定義的「一切」更近一些。

這些話聽起來沒什麼力量，但妳知道嗎？告訴女性「我們可以擁有一切」確實*聽起來*很有權力感，實際上卻無法真正賦予我們力量，反而是讓社會對我們的期待（以及我們對自己的期待）變得和喜馬拉雅山一樣高，最終只會讓我們失望而已。

能讓我們真正掌握自主權的是實話。當女性明白自己不被期待擁有一切，而必須在生活中各個相互競爭的角色裡做出選擇時，我們就可以優先考慮自己真正想要的是什麼。唯有如此，我們才能真正拋開那個從小被灌輸但實際上難以達成的「一切」定義，改由我們自己定義這個詞，然後去實現它。

ᐰ 我的視角

如果妳在男性主導的產業（也就是大部分的產業）是少數成功的女性，通常會被問到：「妳是怎麼做到的？」

當然，所謂「做到」指的是包山包海地「擁有一切」。

通常我都笑著回應，開個類似「女性唯一能擁有一切的地方就是在貝果上！」*的玩笑，再接著解釋，就我的觀點來看，我並沒有做到。工作時，我覺得自己像是背叛家庭；度假時，又覺得背叛團隊和

---

* 萬能貝果（everything bagel）是一種用混和配料烘烤的貝果，成分通常有大蒜片、洋蔥片、芝麻和粗鹽等。作者以自我揶揄的方式戲稱在 bagel 上才能擁有 everything（一切）。

同事。我和其他女性一樣，在工作生活與家庭生活之間的平衡間掙扎，經常覺得自己兩邊都沒做好，或至少都還在努力中。

不過我現在知道這個答案只是推託之詞，針對這個問題的大多數答案都是如此。因為如果妳是在男性主導產業中的少數成功女性，妳可能已經做出一些其他大部分未成功的女性所沒有做的事。妳可能有*某些*不僅是陳腔濫調或口號的經驗，值得與想追隨妳的腳步、實事求是的年輕一代分享。

我的實話是：現年72歲的我在回顧生活時，可以把3個項目打勾：出色的事業、美好的婚姻和伴侶，以及優秀的孩子。但我唯一覺得自己「擁有一切」的時刻是在後來回想時。在人生每個階段的當下，我真正擁有的是選擇。

每個選擇都很重要，我認為其中有3個選擇對我的事業與人生軌道具有重大影響。我並不是有策略地做出這些決定，但回顧過去，我才意識到自己做出與大多數在我這個位置上的女性不同的選擇。就很多方面來看，大多數人，甚至是女性可能會嘲笑我所做的選擇，我選擇較少人走的路。（不用說，適合我的不見得適合每個人，更何況適合我的選擇也不見得永遠適合我，因為生活中的每個選擇都有代價，表示放棄了其他選項的價值。）

我做的第一個重大決定是在30歲離婚，並且在接下來的10年內沒有再婚。

那時我在波士頓工作，和一個我16歲就認識的好人住在一起。

我們在 17 歲時開始約會，19 歲時結婚，彼此都還是孩子的時候就在一起了。但隨著長大，我們漸行漸遠。我知道應該要做出改變，所以有一天我找了朋友的心理醫師尋求建議。他說他那幾個月的預約都滿了，可能沒辦法把我排進去，但還是問我發生什麼事。

我說：「好，我說快點，我快 30 歲了，想離職，而且我覺得可能也要離婚。」

他回答：「明天 10 點可以嗎？」

再次強調，我並不是為了發展事業而離婚，也從不覺得愛情阻礙了我工作發展。我決定要結束婚姻與想要擁有一切一點關係也沒有。（如果有的話，這反而是將我推得更遠，遠離社會對每個女性擁有家庭的期望，尤其是那些「擁有一切」的女性）

一切都是因為我在 19 歲選擇的生活，與我在 29 歲時想要的生活已不相同。

然而，回首過去，這個決定對我的事業影響甚鉅。

如盧音德所說，在事業時鐘與生物時鐘衝突時，我這一代的大多數女性選擇了家庭。但我知道我不想一個人撫養孩子，而且離婚後也不想只為了小孩就與錯的人在一起，所以我在三十幾歲時完全沒有任何生育壓力。

我反而可以將所有時間和精力投注在工作上。我隨著產業與工作機會的變化搬家，從波士頓到紐約，再到洛杉磯，又回到紐約。我出差、日出即起、工時很長、經常在飛機上才吃晚餐，沒有因為孩子和

伴侶而需要每天面臨後勤支援、罪惡感、羞愧感或做出各種決定的負擔而受到阻礙。

當我身邊許多女性選擇暫時退出職場，專注在家庭時，我可以（也確實這麼做）將我的事業再往前推進。在沒有束縛限制的情況下，我從沒想過把任何人事物置於我的抱負之上。

難以否認的是，三十多歲時沒有孩子與配偶，對我的事業有多大的影響。

然而，對一個*曾經*想擁有家庭的人來說，這同樣也是很大的風險。我從沒想過，選擇在 30 歲離婚並期待對的人以後會出現，基本上就代表著我接受耗盡生理時鐘的可能性。我也許曾想過要擁有一切，但隨著每年將懷孕機會往後延，就代表逐步降低自然受孕的可能性。如果不是幸運地在為時已晚之前與我先生結婚，我可能根本不會有孩子。

這就帶出我的第二個重大決定：40 歲時，我終於再婚，與一個願意將我的事業看得比他的事業重的男人結婚。

我的先生戴爾是我最好的朋友和伴侶。如果我沒有在這本書的每一章節都提到他給了我多少明智又中肯的建議，或協助我以另一個觀點看清情勢，純粹只是因為我不想閃瞎大家的眼睛。

這輩子我有幸遇見許多聰明和有趣的人，而他是我見過最聰明有趣的人之一。他曾就讀過超過 1/3 的常春藤名校，但同時也是第一個說出「名校文憑與一個人的智力、天資或價值毫無關係」的人，而且

他是真心這樣想。他對自己以及他的智慧與外貌也有足夠的信心，不會輕易感到不安或受到威脅。

他的人格特質是我決定與他結婚的部分原因，但我不知道的是，當我們之間有一人必須從職場上稍微退一步而投入更多時間在家庭生活時，他會願意那麼做。特別聲明，我認為他自己也不知道，但事情就是這樣發生了。

某方面來說，這是個顯而易見的選擇。戴爾在達特茅斯學院唸大學時主修哲學與宗教，接著進入哈佛神學院攻讀碩士學位。他的目標是成為一名教授，但在與他的第一任太太結婚生了女兒後，他覺得應該要放棄這條路，轉而追尋更實際且收入更高的職業。因此，他離開學術界，進入顧問公司就職。

必須注意的是，如果中高階層女性的壓力來自於要擁有一切，那麼大多數男性的壓力則幾乎相反。他們需要成為家庭的經濟支柱，為了賺更多錢，經常需要做出很多犧牲，包括家庭時間和他們對工作的熱情。

但當我和戴爾必須開啟這個對話時，他說他會在工作上投注少一些，不僅因為我這個產業的薪酬潛力高於他的工作，也因為我熱愛我的工作，而他這個原本想在學界當教授卻到企業界工作的人並不然。

我非常幸運能再婚，並與一個真心把我視為伴侶的人共組家庭，他對我和我的事業的信心，甚至比我自己還要高。

戴爾沒有辭掉工作，他只是在工作上稍退一步，不追求升職加

薪、合夥人的位置，也不追求其他令人帶勁的機會，因此可以隨著我們的兒子傑西日漸長大時，花更多時間在家裡。如果我結婚的對象不是願意*如此*付出的人，這個角色可能就會是我自己，而我的事業也會因此停滯不前。

說到我們的兒子傑西，其實他就是我做的第三個重大選擇，也就是只生育一個自己的孩子。

坦白說，這個決定大多是命運為我做的。在與不孕症奮戰許久後，我在 43 歲時懷了傑西，我常笑稱他是我的最後一顆卵子，這可能也是真的。但即使能重來一次，我不確定自己是否會做出不同的選擇。（再說一次，我最後選擇的伴侶對我後來擁有的生活至關重要，因為他支持我只生一個孩子的決定，並且樂於再次成為父親，若是其他已經有了脫離尿布期孩子的男人，可能會覺得當爸爸的階段已在人生中過去了。）

我跟戴爾在一起時，他已經在前段婚姻中有個女兒米凱（Mi Mae）。我們結婚時她 11 歲，我在各方面都把她當女兒看待。但因為她已經有很棒的母親和繼父，而且在進入我的生活時，她已經長大了，所以我在她生活中的角色相對簡單。無論談心、購物、學唱歌、畢業典禮、第一次約會、申請大學、暑期實習、第一份工作和她的婚禮，我都在場。但我不需要應付那些有時伴隨母親角色而來的挑戰，那些我們通常羞於承認的負面情緒。從一開始，我就非常幸運能在生命中擁有這麼一個美好的女孩。

我和戴爾所生的傑西也是我的幸運之事，但我必須處理各方面的事情。不僅是紀律和不規矩的行為，還有髒兮兮的尿布和整夜不停的哭泣，當然還有那些似乎永無止境的孕吐和孕期不適。儘管我很幸運地能夠休產假，但我也因為休產假而體會到其他男性同儕永遠感受不到的焦慮。此外，無法控制的荷爾蒙也使得我原本就強烈的罪惡感更加嚴重。

傑西出生前，我工作到最後一刻，當時已經超過預產期，直到我連路都走不了。我很幸運地找到認識且信任的人，在我暫離 USA 電視網時暫代我的工作。結果，我休假的時間比預期的更長，因為當產假結束時，我還沒準備好重返職場。（我非常幸運，老闆同意讓我的產假再延長 1 個月，暫代我工作的人也同意繼續留任。）

當我終於回到職場時，我遵守了一個與以往截然不同的嚴格作息。每天早上 9 點整到公司，幾乎不休息（甚至不吃午餐），幾乎沒有社交活動，這樣才能趕上下午 5 點 20 分的火車回到康乃狄克州。作為相信職場友誼很重要的一員（不僅為了享受工作，也為了晉升），這樣的工作日程安排完全不符合我的個性，但所有新手媽媽都知道，我當時沒想著如何成長，我只想撐過去。

我花了一段時間才重新找回步調、追上先前的工作進度，放下因為錯過傑西第一次吃固體食物而生自己的氣、或是每天早上踏上火車時的罪惡感，而這種罪惡感從沒真正消失過。戴爾確實做了所有他能幫上忙的事，也做到完美伴侶能做的所有事，尤其是傑西長大後的幾

年裡，當我在有線電視業界承擔愈來愈多職責時。

然而，身為母親，無論得到多少幫助，都無法改變事業會受到衝擊的事實。我真的不確定如果再重來一次，我的事業會變成什麼樣子，我只知道我的事業已成為現在這樣，而我有個親生的孩子。

這不代表我沒有任何遺憾。有時我會想，當初是否該做出不同的選擇。我知道我會很想有個從出生開始養到大的女兒，或是再有個可以跟傑西一起玩的兒子。但我沒有，而且也不會有。也就是說，即使我已經擁有*很棒很棒*的人生，我還是沒有擁有一切。

我的選擇也讓我在生活裡的其他重要方面有缺失。作為康乃狄克郊區小鎮上為數不多的職業婦女之一，剛開始那幾年，我在當地幾乎沒有女性朋友。在我能參與的週六少年棒球聯盟比賽時，我會帶著相機出席，藉此討好那些對我決定保持全職工作的選擇存疑，但非常喜歡我為他們的孩子們拍攝照片的鄰居媽媽們。當然，這些關係通常只限於球場。

至於傑西，即使我（經常）不在他身邊，我仍盡可能參與他的童年。出差前，我會在家裡安排好尋寶遊戲，每晚通電話時提供他一條新線索，這甚至讓他期待我出差。但這對我來說，當然永遠都不夠。

在生活中的每個階段以及做出的每個選擇，我總是感覺自己做得不夠多。所以，我怎麼可能擁有一切呢？答案是：我沒辦法，實際上我也沒有。我所擁有的和其他女性一樣，就是選擇。我的選擇讓我走到今天，但絕對沒讓我擁有一切，不過確實也包含一些單純的幸運。

๑ 搞定它

　　女性無法擁有一切，社會應該停止說我們可以。但我們確實可以
有選擇的權利，而且大多數選擇不是孤注一擲或非黑即白的。要做出
選擇，我們必須逆向思考，首先定義出自己的「一切」，找出如何盡
可能擁有這一切的辦法，同時也記得，我們永遠不可能擁有一切。

　　所以⋯⋯

首先，定義妳的「一切」

　　即使社會定義的「擁有一切」是有可能的，但事實上，這並不是
大多數人想追求的！有些人不想要孩子、有些人不想要婚姻；有些人
夢想著郊區的大房子、有些人害怕離開大城市；有些人想要一份讓他
們紮穩根基的工作、有些人喜歡找工作和離職帶來的刺激感；有些人
喜歡旅行、有些人害怕搭飛機。妳懂的。

　　雖然社會定義的「一切」不可能達成，但擁有目標能幫妳在人生
的某個結點做出決定，這樣就很棒。這才是妳應該追求的「一切」，
但只能在這真的是妳自己的目標，而不是別人的目標時才行得通。所
以，花點時間思考妳需要什麼、想要什麼，以及什麼才能讓妳過上快
樂的生活。如果妳的清單很長，就依優先順序排列。如果有兩個項目
衝突，就搞清楚哪個對妳來說更重要（並意識到那個次要項目可能會
成為妳放棄的選項。）

如果妳的「一切」和妳之前所聽到的完全不同，也與妳一起長大的朋友、工作上的同事、鄰居等妳所認識的其他人定義的不一樣，該怎麼辦？這不僅沒關係，更是件好事。這代表妳已經做足功課，妳越是深思熟慮過「一切」對妳的意義，妳就越有可能實現其中的一部分。

其次，讓妳的定義改變

如果妳有做好功課，妳所定義的「一切」應該不僅與別人不同，也應該隨著時間改變。

作家及編劇諾拉・艾芙倫（Nora Ephron）在她著名的衛斯理大學畢業典禮致詞裡中提到，她和朋友們在餐廳候位時會玩一個遊戲，在紙上寫下 5 件描述自己的事。她告訴畢業生：「當我在妳們這個年紀時，我會寫下有抱負、衛斯理畢業生、女兒、民主黨、單身。但 10 年後，這 5 個詞都不在我的清單上。那時，我是記者、女性主義者、紐約人、離婚、風趣。而今，這 5 個詞也不在我的清單裡。我現在是作家、導演、母親、姐姐、快樂。無論現在的妳們用哪 5 個詞來形容自己，10 年後這些詞可能都不再是妳們的標籤。這不代表妳們做不到，而是這些不再是妳未來最重要的 5 件事。」

艾芙倫的重點是什麼？她說：「妳永遠不會保持不變。」而妳所定義的「一切」也不該是固定不變的。隨著它的變化，我們的選擇也應該隨之改變。如果擁有一切曾代表婚姻幸福，而現在代表單身和自由，這很好。做出可以反映改變的選擇，如果它曾代表事業穩步上升，

而現在代表與家人共享家庭生活，那也很棒。我們有權改變目標和想法，相信我，大家都會經歷這樣的過程，只要確定我們的選擇能反映這些改變就好。

接著，擁抱妳的選擇

到頭來，最重要的不是我們選擇*什麼*，而是*我們*做出選擇。一旦我們做出自己想要的選擇，就必須熱情地全力以赴，努力達成目標，不要被別人的質疑、意見和否定影響我們。當然，說來容易做來難，但我們是那個與自己的選擇一起入睡，隔天一起醒來的人，也是唯一知道什麼能讓我們感到幸福的人。所以，做自己，對自己好一點，自己做出選擇並擁抱這些選擇。

∞ 結語

精力是有限的資源，我們為了擁有一切而非追求真正想要的生活所花費的每一分鐘，都永遠無法追回。所以，定義出能讓我們快樂是非常重要的，然後做出可以讓我們更接近快樂的選擇。其他的事，不僅是浪費我們的時間，更是浪費我們的生命。

第二部

脫穎而出

讓自己與眾不同

- 保持真實；不要假裝
- 在「男性的世界」中擁抱妳的性別
- 善用妳的言語；找到屬於妳的聲音
- 採取行動；別坐等事情發生
- 不要攀爬職涯階梯，而應該要跳脫它

6. 假裝它直到妳成功／
面對它直到妳成功

我們被告知：「假裝它直到妳成功」

這句女性主義者用來對抗「冒牌者症候群」*的口號看似無害地進入我們的職場，冒牌者症候群是指女性覺得自己不應該出現在某些領域，不知道自己怎麼混進來的，隨時都可能會被揭穿。這句話被人們不僅朗朗上口，還押韻。根據統計，女性比較容易懷疑自己並低估自己的能力，所以這句話聽起來也像是簡單又合理的解決方案：做到前先假裝，模仿我們希望擁有的能力（或信心），最後就會像某種自我實現的預言一樣，可以將任何我們認為自己缺乏的東西變成現實。

事實：「面對它直到妳成功」

根據最新調查，美國 75% 的女性高階主管都在工作上經歷過冒牌者症候群，也就是說，他們曾與無能感和自我懷疑奮戰。官方統計數字逐年增加，但就我的經驗來看，非官方統計數字可能更高（兩性

---

* 譯註：冒名頂替症候群（Imposter syndrome）又稱為冒牌者症候群，或是騙子症候群（Fraud syndrome）。是指成功人士將自己的成就歸因於其他人的幫助、時機、運氣等其他外在因素，因而認為自己是騙子，害怕自己被拆穿而付出更多努力，進而因為這種壓力與心理障礙導致憂鬱症、焦慮或恐慌症等心理疾病。

都會經歷此症候群）。然而難以否認是，對於有抱負且客觀上有能力的女性來說，覺得自己是冒牌者已成為常態，而非例外。

可以理解的是，冒牌者症候群被視為另一種自我貶低的意識抬頭且對我們不利的表現。目前已有一些後續影響的記載指出，不安與無所適從的感覺會影響我們的工作績效，降低整體工作滿足感，最終可能會導致我們筋疲力盡。這種感覺甚至可能讓我們在一開始就無法找到工作。研究指出，女性通常在覺得自己 100％符合資格時才會投履歷或要求升遷，男性則通常只要 60％符合就會採取行動。

我們對自己能力不足的錯覺可能會讓自己錯失機會，並在這個過程中低估自己的價值。

有時候，感覺自己像是冒牌者，可能會伴隨嚴重的焦慮與憂鬱，應該予以正視。然而，冒牌者症候群與較普遍的冒名頂替現象有很大的差別。波林・克蘭斯（Pauline Clance）和蘇珊・艾姆斯（Suzanne Imes）在 1978 年發表的一篇論文中，將這種低度焦慮感命名為冒名頂替現象。「冒名頂替現象」並非無稽之談，幾乎每個人都會在人生或職涯的某一刻有過這種體驗。我希望每個人（包括我自己）都能對自己以及他們在職場上的貢獻更有信心一點。不過，從我的觀點來看，冒名頂替現象對女性造成的傷害，遠不及「假裝它直到妳成功」這個建議造成的傷害來得嚴重。

當我們覺得自己資格不符、信心不足或注定無法達成目標時，有些人會建議，可以假裝自己並不是這樣，而且這種假裝可以幫助自己

成為我們原本不是的那種人。更何況，有點自我提升也不是壞事。在缺乏自信時假裝有自信，並不是什麼會讓我們被送進校長室的大錯。

然而，說服自己我們有能力，與誤導別人我們具有什麼能力之間是有差別的；告訴自己「我是個好廚師」，和告訴別人「我曾就讀美國烹飪學院」是有差別的。

前者是在面對毫無根據的自我懷疑時給予的自我肯定，後者則是單純的欺騙。「假裝它直到成功」這句話，經常被誤解成允許我們做出這種行為，即使我們的動機純良，但結果卻往往不是如此。

讓我們從顯而易見的地方開始說起。每次我們假裝已經做了實際上沒做過的事、假裝有能力完成實際上無法完成的事、假裝知道一些實際上並不知道的事、或是假裝自己比實際上更擅長某些事，就等於在身上裝了隨時都可能會爆炸的定時炸彈。無論是在履歷上添加我們不曾有過的管理經驗、誇大我們在某專案的參與程度、向某個我們從未讀過其作品的作家表達喜愛，或是明明只上過一次初級法語課，卻宣稱精通法語。每一個對事實的扭曲描述，其實就是謊言。

從道德的角度來看，這是錯的；從法律的角度來看，這可能構成犯罪。看看那些矽谷新創公司創辦人，他們捏造財務報表數字，因為他們相信唯有誇大資產規模或用戶數量才會讓人認真對待，他們的資訊只是暫時不實，然而他們最終都被認定為詐欺。從務實的角度來看，這樣很傻，因為每個謊言都可能被發現，就算不是立刻被揭穿，總有一天也會被識破。

一旦被揭穿了，我們就等於打開潘朵拉的盒子，將我們未來所做和所說的一切，都染上不信任與懷疑的色彩。同事、老闆和下屬，都無法再以過去的態度正視我們，即使之後我們所說的都是事實，也會顯得可疑。我們讓自己永遠失去信用。

即使我們的謊言沒被揭穿，假裝仍會讓我們走向失敗，因為它限制我們無法以真實具體的方式成長。當為了讓某人相信我們深諳其道而假裝知道（或會做）某些事，就等於在周圍築起一道牆。當我們害怕被別人看出弱點，而不願表現出脆弱的一面，就等於將自己封閉於全世界之外，因此喪失向別人學習以及尋求他人協助的機會。

這非常可惜，因為大多數人其實會想幫助別人。這不僅讓*他們*感覺良好，還能讓他們更關心投入我們的進步。但如果他們不知道我們需要幫助，就無法提供協助。如果我們明明不懂卻裝懂，或是拒絕尋求協助，他們也不會知道我們需要幫忙。

令人驚訝的地方來了！當假裝被視為解決冒名頂替問題的方法時，其實它才是問題的根源。我們愈是假裝自己是誰、做了什麼事，或具備什麼能力，就愈是深信我們的真實自我沒有價值、沒有資格、也沒有能力做好手上的工作。即使我們成功了，原本促使我們說謊的不安全感，也會讓我們覺得自己的成功僅是僥倖，因為我們不誠實才能走到這一步，真正的自己根本沒辦法做到。對我們來說，這種欺騙並不是錯覺或曲解，而是成為理所當然的事實。下一次，我們就會覺得，除了再假裝一次之外，別無選擇。

所以，當我們在工作上覺得自己是個冒牌貨，假裝只是*最糟糕*的解決方法。

我們反而應該承認，每個人至少都會在某個時刻覺得自己是冒牌貨，即使是客觀來說*已經成功*的人也不例外。根據這個理論的創始人克蘭斯（Clance）與艾姆斯（Imes）所述，成功並不是解藥。許多名人即使已登上成功的頂端，並在各自的領域中受到肯定，仍然承認自己有過這樣的感受。舉幾個例子來說：馬雅・安傑洛（Maya Angelou）、蒂娜・費（Tina Fey）、蜜雪兒・歐巴馬（Michelle Obama）、娜塔莉・波曼（Natalie Portman）、芭芭拉・柯寇蘭（Barbara Corcoran）、湯姆・漢克斯（Tom Hanks）、霍華・舒茲（Howard Schultz）和阿爾伯特・*怪胎*・愛因斯坦（Albert Einstein）。

幸好，即使天才也會像我們一樣不理性地感覺自己不足，那就表示，與我們過去的認知不同，自我懷疑並不會是成功的阻礙。事實上，至少在微小可控制的範圍內，這種不安感甚至可能有*助於*我們成功。

起初，當我們覺得自己不足時，大多數人會矯枉過正。但如果我們因此更認真工作、更努力學習，並在過程中不斷提升自己，那麼對我們的職涯來說也算好事。如果不安全感能讓我們在交出企畫案前會請同事先幫忙檢查，那麼我們的企畫案就可以更加完整，出錯的機率也會降低；如果緊張能讓我們在報告前多做幾次提案練習，那麼我們的準備就會更充分；如果擔心顯得無知，能讓我們在針對特定議題發表意見前先諮詢專家或多做一些研究，那麼我們就會顯得更有見識；

如果自我懷疑能讓我們等到會議後再決定某個想法是否值得分享，那就可以讓我們看起來更加深思熟慮，而非一時衝動。

當我們覺得自己像個冒牌者時（即使這種感覺毫無根據），我們幾乎理所當然地會比完全自信時更謙卑。也就是說，我們更有可能懷疑自己的直覺，而邀請別人來參與我們的決策過程，進而使我們成為更好的聆聽者，也更具合作精神。

至於那些文獻中提及會傷害我們和工作成果的冒名頂替現象？根據某些專家說法，冒名頂替現象只有在跨過某個門檻才會造成危害。在某種程度上，些微的緊張感反而有助於我們改善工作績效，原因前文已經提過。挑戰在於要如何讓緊張驅策我們，而不是將我們淹沒。

我的前老闆和朋友，波士頓公共電視台前總經理麥可・萊思（Michael Rice），確實認為適度的冒名頂替現象是有益的。他以聘用那些技術上不符合資格，但有潛力在一兩年內成長至勝任該職位的人為榮。因為覺得自己還有進步空間的人，通常會比那些自認已證明自己能力的人更加努力。

只要求職人選能坦誠面對自己的知識、工作成果與不足，即使有冒名頂替現象，對他來說也比假裝自己無需再學習的人更有價值。

ᔆᔆ 我的視角

就某方面來說，我很幸運。1976 年，我第一次在工作上被交辦

任務，而我知道自己做不到。當時女性僅占勞動人口的 1/4，沒人建議我們透過假裝來達成什麼目的。

我當時在波士頓擔任《無限工廠》的製作助理，負責撿狗大便、照顧節目裡的童星、校對劇本，和其他所有交代給我的任務。當節目的拍攝進度稍微落後時，導演要留在波士頓繼續拍攝，因此他要求我飛至洛杉磯，代替他去監督 4 集節目的影片後製。

我嚇壞了。那時我才 26 歲，是電視業的菜鳥，對那些技術和術語一竅不通，而且我也從來沒有出過差。導演竟然相信我⋯⋯可以完成*這件事*？

我飛到洛杉磯去「後製」。

我很擔心自己會遲到，所以先開車將位於好萊塢的飯店到柏本克影片後製工廠的路線走了一遍，以確保自己認識路。經過徹夜未眠的一晚，我比預定早 1 小時抵達後製工作室，影片母帶也已經準備好了。

當比我資深 10 年的剪輯師吉姆開著保時捷出現時，我的緊張情緒繃到最高點。我們互相自我介紹後，他問我：「妳帶了什麼給我？」

我說：「我們有 4 集節目需要後製。」接著，緊張地帶著有點僵硬的笑容說：「我這輩子從沒剪輯過影片，也對電腦剪輯毫無所知，但我很熟悉影片素材，而且我是來學習的。」

我從沒想過要假裝自己會。我知道自己會什麼和不會什麼，當時沒有維基百科或 YouTube 影片（更沒有網路）讓我可以隨時查閱，以在短時間內補足知識，假裝那些知識落差不存在。如果我想把工作做

好，唯一的選擇就是坦誠以對。

在那之後的數十年裡，尤其是當我處於對方的位置時，我學到的是，人們會尊重坦誠，尤其是伴隨謙虛與脆弱的坦誠。當有機會可以教育那些好奇且渴望學習的人，會讓我們對自己的感覺更好。當我們成為他們職涯故事的一部分，也會對他們的職涯成長更加關注。或許出乎意料的是，我們對這些人的評價，反而會高於那些一開始就自認為（或看似）什麼都知道的人。

有什麼證據？吉姆回答我：「謝謝妳的誠實，我會讓妳出名。」

在接下來的一週，確實差不多就是他說的那樣。我從一個對剪接影片一竅不通的門外漢，很快地熟悉影片剪接的術語和流程，我學會（並真正地理解）要把影片後製成節目需要哪些環節。後來想想，我的坦白和態度是這一切改變的關鍵。

我的無辜與認真讓吉姆放鬆下來，並將我納入其羽翼。他沒有興趣測試我會哪些東西，因為我們已經建立起我什麼都不會的認知。他有興趣的反而是教導，這讓我也鬆了一口氣。我的牌從一開始就全部攤在桌上，因此不需要擔心會被發現什麼。我不用去想接下來要說什麼，可以放鬆地觀察和發問；我不用控制這趟旅程，可以好好享受這段過程。我給他教導我的權力，也給了自己學習的權力。

在洛杉磯那週結束時，我可以坦誠地衡量自己的進展，對我自己學會的一切感到驕傲，而不會糾結於希望自己原本就會那些事。如果我從一開始就假裝懂得那些事的話，這一切就都不會發生。

這次經歷讓我學到，雖然經驗很寶貴，但它只是我職業工具箱裡的一個工具，並不見得是重要成就的必要條件。我從未忘記這一課，直到將近 20 年後，我被指派去接受一個我不符資格、其實也不感興趣時的工作時，我再度想起這一課。

1995 年秋天，四十多歲的我擔任 USA 電視網的原創節目副總裁，工時很長但我滿懷抱負，這幾乎是我的夢想工作…直到羅德・伯斯（Rod Perth），這位來自 CBS 電視台的才華洋溢大好人，當時是 USA 電視網總裁，也就是我的老闆，他要求我放下手邊的工作去接一個新任務：監管職業摔角系列節目（後來稱為世界摔角協會或 WWF，現稱 WWE）。摔角直播節目本身就是個傳奇，但那時節目缺乏故事性，也沒有什麼人物發展。對電視觀眾來說，製作價值也不高，而且這個節目將與競爭對手的一個系列節目正面交鋒。羅德覺得，在 USA 電視網的所有人當中，我也許是解決問題的答案。

那時候，我在電視網負責帶領多個專案的發展，包括艾美獎得獎作品《消弭仇恨》倡議，一個宣傳種族和宗教包容性的記錄片系列和 30 秒電視廣告。這個任務真的是出乎意料，羅德在一次電話會議中毫無預警地突然把它交給我，雖然看起來像是提議，但其實就是命令。我覺得這完全安排錯人了，應該是個誤會，甚至可以說是管理不善。我不僅缺乏相關經驗，甚至這輩子都沒看過摔角比賽。老實說，我也從來沒打算要去看，我想大家應該都知道這一點。

我當時差點辭職了，但我先生曾經在高中時打過摔角，他說服我

試試看。我同意了，心想如果之後仍然不喜歡的話，我還是可以辭職。

　　如果說「第一次走進位於康乃狄克州斯坦福那棟意外地像企業大樓的 WWE 總部開會，看到那些身兼高階主管與經理人的職業摔角手，讓我覺得自己像是個冒牌貨」，這絕對是本世紀最輕描淡寫的說法。況且，在我之前那 3 位負責 WWE 的 USA 電視網人員都是有運動管理或收購背景的男性，他們至少都對摔角有一些瞭解。

　　除了我看起來特別引人注意（如果他們有看到我的話），我實在不知道自己該期待什麼。

　　不過，想起我在洛杉磯那週的經歷，加上我知道那些看似更適合這個位置的男性也沒有贏得這些摔角手的認同，我還是握了那些幾乎能把我手捏碎的手，隨後便在會議桌旁坐下來。當 WWE 的董事長暨執行長轉過來對我說：「現在呢？」時，我先自我介紹，然後深吸一口氣，便開始我的說詞。

　　「我必須老實說，在羅德找我接這個工作之前，我從來沒看過妳們的表演，到現在也還沒看過現場比賽。除了過去兩週學到的東西之外，我對摔角幾乎一無所知；除了知道妳們是靠現場比賽和週邊商品賺錢之外，我對這一行沒有其他認識。」我先這麼說，再接著補充：「我只知道如何製作好的電視節目、說出好的故事和創造好的角色。我知道妳們都想贏過競爭對手泰德・透納（Ted Turner）的世界冠軍摔角（WCW, World Championship Wrestling）節目收視率，我想這方面我應該幫得上忙。」

WWE 執行長就像是 20 年前洛杉磯剪輯師的職業摔角手版本那樣，回應我的坦誠：「好，開始吧。」

在那之後的 1 個小時，我靜靜地坐著聽執行長和其他高階主管、編劇、摔角手和退役摔角手深入討論分析當前的挑戰與困境。我並沒有縮在角落裡，但也沒有為了讓自己看起來更進入狀況而打斷他們。沒了伴隨裝懂而來的壓力，我反而可以觀察並提出大量問題，因為我已經明白表示自己幾乎什麼都不懂，一切都要從頭學，尤其是向執行長學習，他是在摔角業裡長大的，什麼事都知道，從經濟學到表演藝術再到觀眾，他比任何人都熟悉這個領域。

我學到*很多*。

但我也有能教他們的地方。因為我並未聲稱自己是某些不擅長領域的專家，所以當我說自己擅長某些事時，他們毫不懷疑地信任我。

當我建議執行長僱用專業電視編劇來發展故事情節，讓 WWE 更像是男性版肥皂劇，這樣觀眾就會因為想知道接下來的劇情而每天晚上收看，而不僅僅關心比賽輸贏的結果，他們就僱用電視編劇。當我建議女性摔角手可以跳脫「花瓶美女 *」的狀態，在故事架構中發展出真正的角色，不僅出於性別平權考量，而是考慮到過去被忽略的所有女性觀眾人口，這也發生了。當我在節目直播時與導演通電話，告

---

* 譯註：原文臂彎糖果（Arm Candy），也可稱之裝飾型伴侶。通常是指挽著某人手臂，陪同異性（非配偶或伴侶）出席社交場合的俊男美女。

訴他何時要切到黑畫面,以便在即將出現一些對電視觀眾來說太下流或太血腥的內容前先提升懸疑感,他照做了。當我想邀請一些 WWE 的知名人物到 USA 電視網的節目客串,以提高他們的知名度,他們也高興地照辦了。

我從沒什麼經驗、沒有知識、沒有興趣,甚至沒什麼信心的狀態下開始這份工作,並藉著向那些脖子跟我的腰一樣粗的男性(及女性)傾聽與學習的強烈意願,來彌補我的不足,我從不假裝自己瞭解更多,而是把我真正知道的事情廣泛地分享出去。

距離當時已經將近 30 年,但與 WWE 合作仍是我職涯中最精彩的時刻之一,也是我人生最瘋狂、最有趣的經驗之一。很久以後我才知道,在混亂的公司經營權轉換期,許多同事被裁員而我卻晉升,有一部分就是因為新老闆對一個 5 呎 4 吋的小妞能搞定全世界最知名的摔角手感到著迷(又好玩)。他對我能在一個與過去背景格格不入的環境裡生存下來,並在創意面和財務面取得成功,印象非常深刻。從這個經驗中,儘管我過去也沒有相關背景,他可以因此看出我的多樣性與價值。

更重要的是,我實現了第一次會議時的承諾,不僅收視率節節高升,WWE 的肥皂劇模式也徹底改變這個系列節目。在收視率顛峰時期,WWE 每晚有 900 萬觀眾,最後也讓透納的 WCW 節目黯然走向停播。

如果妳喜歡超級巨星約翰・希南(John Cena)和巨石強森

（Dwayne "The Rock" Johnson），那麼得感謝他們演藝生涯的起點 WWE。

〜 搞定它

　　每個人都會有一點冒名頂替的感覺，這很正常。但無論在職場上或是生活中，最糟的方式都是透過謊報身分、經歷和能力等真實樣貌來隱藏我們的不安。相反地，我們應該明白，即使有個看似遠超出我們能力範圍的工作機會或職位，或讓我們覺得自己不屬於那個位置，我們仍然有很多可以貢獻的地方。與普遍大眾認知相反的是，經驗是可以被取代的。也許我們無法完全戰勝冒名頂替的感覺，但可以善用這些感覺，並轉化成我們的優勢，進而找出成功的方法。

　　所以……

承認妳的冒名頂替（對妳自己和其他人）

　　雖然不可能完全解決冒名頂替現象（我認識的每位執行長和董事長，無論男女，都承認自己偶爾也受其所苦），有個已被證實可以*減輕*我們無能感和自卑感的方法：知道別人也有同樣的感覺。然而，要做到這一點，我們首先必須要有自覺，且能辨識自己的冒名頂替現象狀態。

妳是能力不足或只是害怕挑戰？

每個人都會有不安全感，但這和無能是兩回事。如果真正的問題在於妳的能力，那麼，妳將真正的短處、知識差距、技能不足誤當成信心不足，反而才是最糟糕的。當妳不確定自己面對的是哪種情形時，問問自己以下問題：

- 是否有任何必要的資格是我不具備的，例如我不會的語言、我沒有的學歷、需要花時間才能學會的技術能力？
- 之前負責這個工作的人或曾做過這工作的人具備哪些資格？
- 這個工作需要 1 個人以上來完成嗎？
- 我曾經超越過自己或其他人對我的期待嗎？當時是什麼條件造就了我的成功？
- 在還沒掌握細節的情況下，我是否準備好管理團隊，面對挑戰？
- 我是否知道要去哪裡找答案或是如何提出問題？

雖然挺過信心危機很重要，但如果給出無法實現的承諾或接下無法完成的任務，那可不是好事。如果妳曾經這麼做，對妳自己和妳的老闆坦白承認吧。

如果妳覺得不知道自己在做什麼，別把這種不適感擺一旁，或是試圖一路裝到底，因為這兩種方式都行不通。反而應該去理解並正視妳的感受，試著理性思考，去判斷妳的不安全感是否合理，還是每個人本來就會在某個時刻受到這種不安全感的衝擊，只是現在剛好輪到妳。接受自己有時會覺得工作超出能力範圍，即使事實上並非如此。接著，保持開放且無害的態度，讓別人參與進來，和一些妳信任的心

腹朋友分享妳的感受。很可能他們也有同樣的經歷，和他們聊聊可以讓妳覺得比較不孤單，也不再那麼格格不入。

帶著積極和好奇的態度

聽起來很老套，但態度確實很重要。如果妳覺得自己在技術、能力或知識上仍有不足，就用積極的態度來彌補。把每個機會都視為學習的機會，讓好奇心成為妳的個人品牌，表現出對新技巧和新知識的渴望，以及迫切想要成長的態度，因為妳確實該如此，尤其當妳對自己在公司的位置或價值感到不確定時。要成為最被賞識的人，妳不必是最聰明或最有經驗的；妳可以透過不拒絕任何交辦工作、對新機會感到興奮，並在過程中提出重要問題來達成這個目的。即使妳只是半路出家，正確的態度有助於妳快速成為專家。

做足功課

我一直說，我成功的秘訣就是無論在任何情況下，我都不需要成為那個最聰明的人，但我都會先確定可以隨時找到那個最聰明的人。我從不假裝自己知道很多，但我*總是*會先做足功課以學習更多。有時是讀（最近則是用聽的）我從沒想過自己會有興趣的特定主題書籍，或是在 Google 上無止盡地搜尋我從沒想過要去瞭解的議題。更常做的則是，找那些比我更熟悉相關領域的人交流，讓我對需要瞭解的事物建立基本認知。

所以，做足妳的功課，最好是在妳開始行動之前，就確保妳對妳即將進入的世界有一定的瞭解。不需要用妳學到的任何訊息來假裝很瞭解妳的工作（因為除非妳真的做過，否則就不算瞭解），但至少妳會知道該問哪些問題。

提供外來者觀點

有時候，某些不安可以轉化成力量，作為外來者就是其中之一。畢竟，仔細想想，進入未知的情況（無論是新產業、新公司或新職位）就會擁有全新的視角，但前提是我們必須真的以新的視角來看它才行。

說回 WWE，我之所以能成功，不僅因為我和這些摔角世界中的人有著不同的背景，更是因為我不拘泥於過去的思維，並願意嘗試新的解決方式或打破現況。我可以看到這個系列的優缺點，例如摔角明星在運動員的身分之下也是個人物角色，而人們只要投入到這些角色和他們的故事上，他們什麼都會看（真的，什麼都看）。因此，我可以用這個專業能力來改善他們的不足，甚至進一步改善他們的現況。

所以，別怕提出外來者觀點。只要妳花時間觀察，謙虛地提出想法，無論妳的想法有多麼古怪或跳脫，都不會傷害任何人。妳能幫得上忙的！誰知道，也許像 300 磅（約 136 公斤）的男性穿著內褲演出肥皂劇這種想法會成功也說不定。

☯ 結語

　　無論是因為缺乏經驗或是信心不足（或兩者兼俱）而在工作上感覺自己能力不足，都會令人非常受挫。然而，無論這些不安、不足和自卑情結是不是真的，它們都不一定會阻礙我們。我們愈是願意坦白承認自己的不足，並投入工作，讓自己成為受歡迎的夥伴，以渴求學習的態度來彌補自己的不足，過去缺乏經驗就愈不足為慮。我們愈是能夠在成功之前先*面對*，就愈不需要假裝。

7. 這是男人的世界／ 除非妳讓它如此

我們被告知：「這是男人的世界」

即使踮著腳尖也碰不到的櫃子、夏天也能把我們凍僵的超低溫辦公室、月經稅、墮胎限制法案（沒有輸精管切除術的相關規範），種種跡象都顯示這個社會是為男性設計。隨著歲月推移，情況日漸好轉。然而在職場上，尤其是管理高層，女性仍是少數。情勢對我們不利。這是男性的世界，女性看似只是活在其中。

事實：「除非妳讓它如此」

女性在職場上是否受到公平的對待？這個問題本身就是答案。然而，這並不代表身為女性就是成功的阻礙。就我的經驗來看，實際情況可能正好相反，即使在職場上甚至是男性主導的產業裡也是如此。雖然乍聽之下有點可疑，但所有事情都是平等的，如果方法正確的話，女性甚至能在工作場合中佔有優勢。

但是，「這是男人的世界」或「我們活在父權制度下」這類標語在某種程度已經成為自我實現的預言。試想：當妳告知女性，她們注定一輩子都是男性世界中的次等公民，大多數的人都會相信。因此，許多人就不再學習如何在這個世界立足。若是認定比賽的設定對我們

不利，通常我們還不到一半就會放棄了。

　　我希望有更多女性加入這場比賽，我希望我們能贏。但是，有些女性相信成功唯一的方法就是表現得不像自己一點，這也是我看到很多女性（尤其是有企圖心的女性）採取的做法。她們害怕表現出軟弱、順從，或極力避免太過女性化，拋棄原本的自我而試圖變成其他人的樣子。仔細看她們外表、談吐、穿著或舉止，全都紆尊降貴地改變了。有些人甚至會像已入獄服刑的前 Theranos 主管伊麗莎白・霍姆斯（Elizabeth Holmes）那樣刻意壓低自己的聲音。也許有些女性因此登上頂端，但更多人可能沒有。因為在男性世界中，並不能靠著變成假男人而成功。要在男性世界中成功，要以*女性身分*脫穎而出。

　　在這個眾所皆知 Me-Too 清單超長的產業裡，幾十年來我經常是全場男性中唯一（且通常是最資深）的女性。我必須與每個階層的男性競爭或合作（或兩者皆有）。我學到的是：男性和女性在工作上通常不一樣，雙方會採用不同技巧或方法。

　　然而，在追求平權的競賽裡，我們的文化有點矯枉過正了。我們把這些差異和討論視為禁忌似地避而不談。進步的真正障礙並不是指出這些差異，而是將它們當成弱點。事實上，這些差異可能是無與倫比的優勢。

　　我將發揮這些優勢稱為 XX 因素。

　　《實習醫師》（*Grey's Anatomy*）中的一句台詞可以總結出 XX 因素的妙不可言。看到一大群男性醫師競爭外科主任的位置時，有人問

艾蒂森・蒙哥馬利醫師（Addison Montgomery）是否有意「參與進去」加入競爭行列，她回答：「噢，我打算像小女生打架那樣，讓他們互相廝殺，最後就只剩我一個人站著。」

XX 因素始於我們的溝通能力。女性通常會透過對話來建立情感連結，這將有助於吸引其他人，而不會讓人反感。我們不僅聽到別人說話的內容，還會帶著同理心聆聽。有些專家認為，通常這是因為女性對聲音的敏感度比男性高。

這讓我們更擅於合作。相較於男性，我們釋出愈多催產素，愈能提高我們連結、信任、合作與同理心的傾向。女性的溝通與合作方式也影響我們處理爭執、衝突和全面爆發危機的方式。男性往往傾向不計代價取得勝利，女性則傾向尋求解決方案；他們希望打贏戰爭，我們則希望結束戰爭。我們不僅*看似*較不具威脅性，我們確實如此。

還有，研究指出，在職場上面臨壓力時，即使勝算不多，男性仍然更傾向冒險，而女性即使焦慮時，仍會在做決定前花較長時間認真思考。我們傾向展現更強的自制力並保持冷靜，而不是激進地行動或衝動地做出反應，這可能就是女性操盤的對沖基金績效比男性同儕操盤的基金績效高出 3 倍的原因。

在面對分散注意力的情況時，女性也可以熟練地同時處理多件事。別只聽我說，以色列國家情報局前局長塔米爾・帕爾多（Tamir Pardo）也因為女性出色的多重任務處理能力，而特別挑出女性間諜。他同時注意到另一個女性與眾不同的特質，也就是我們的直覺。帕爾

多在 2012 年的一次雜誌專訪中表示：「不同於過去的刻板印象，妳會發現女性在瞭解領土、判斷情勢和空間意識的能力優於男性。」這也與其他研究結果一致，證明女性極擅於捕捉言語及非言語線索。

誰能忘記我們的原始定位是照顧者呢？內在的照顧者讓我們無論在好壞時光都能安慰和培育他人，並激勵他們展現出最好的一面。即使需要自己付出代價，我們也會密切關注和保護身邊的人。而回報就是人們會信任我們，甚至將他們的命運與我們的命運綑綁在一起。

這些因素疊加起來就形成了 XX 因素。它帶來的好處，尤其是在工作上，應該顯而易見。

然而，一輩子（不，是永遠）灌輸給我們的「身為女性是我們的弱點」觀念已深入太多人的腦中，迷惑了女性。讓我們相信，自己應該要抑制那些可以讓我們成為有價值員工或優秀主管的特色與特質。根據報告結果，1982 年到 2016 年間，美國兩性都偏好男性主管勝於女性主管。但若細看資料則會令人感到困惑：女性帶領的企業的表現通常優於男性帶領的公司，危機處理的表現也更好，同時，由女性主管帶領的員工通常工作時會更快樂。不過，這種偏好在某種程度上也算合理，職場中女性主管的比例仍然相對低，表示這些資料的樣本數很少，大多數的受訪者可能只是基於推測或刻板印象來表達意見，而不是依據他們的真實個人經驗。

幸好，隨著愈來愈多人感受到女性主管或女性領導風格的優點，這些數字開始改變了。2017 年，首次出現美國大多數人口表示主管

的性別對他們來說沒有差別的調查結果。

我接受這個結果，但要再加上一個提醒：XX 因素是職場女性最好的朋友，我們早該充分利用它。我們運用得愈多，就會有愈多的偉大女性領導者，也會有愈多人將我們的性別視為工作上的優勢並欣然接受，而非避之唯恐不及。誰知道之後會怎樣？也許過幾年，大多數美國人甚至會希望有女性老闆。

做出這些改變也許不足以改變*世界*，但這是一種進展，也是我們開始將男性世界轉變成多元性別世界的唯一方式。

ᛖ 我的視角

我們從顯而易見的地方開始說起：我是從事電視業 50 年的女性，在好萊塢及其週邊工作也有 40 年。我不僅瞭解男性世界和他們的老男孩俱樂部 *，我就住在男性世界中，不會對女性可以在職場上從容以對或獲得平等對待抱持幻想。

除了極少數例外，美國企業多是由男性設計及控制。即使在遠古社會，女性不僅是「收集者」，也同時是狩獵者。考古學家原本認為在秘魯發現的是高級狩獵者墓穴，因為周圍擺放著*他的*武器，但在骨

---

* 譯註：老男孩俱樂部（Old Boys' Club）目前通常是指有錢或社會菁英的男性俱樂部或團體，成員具有類似的教育或社經背景，除了在工作與私人生活事務上交流及給予協助外，也會分享生活中品酒、高爾夫、運動、雪茄等各種物品與活動（包括女性也是評論的內容之一），通常對女性不友善。

質分析後卻發現是女性遺骸。如今，女性也能穿戴配備進行「狩獵」，但即使擁有最銳利、最先進的武器，她們卻往往得不到機會。

然而，我很早就知道身為女性是一種超能力，不像大多數女性被灌輸的那樣，認為女性身分是我們軟弱的來源。我知道我的性別對我的事業來說是助力，而不是負擔。在我陷入谷底和低潮的時候，我知道性別歧視是個強大的對手，但如果我們擁抱自己的 XX 因素，我們也可以克服途中的障礙，達成目標。

有個故事可以說明我的觀點：我 30 歲時成為波士頓當地晨間談話節目《早安！》的執行製作。我當時的老闆是個典型的混蛋，無論他的行為、態度、以及震耳欲聾的怒吼，無一不在打擊我們的士氣。

這份工作非常辛苦，每週六天清晨即起，錄製一週 5 天的 90 分鐘現場直播節目。如上帝所說，第七天是休息日。我常開玩笑說，在《早安！》工作是我最聰明的時期，畢竟，要瞭解這個世界，沒有比無窮無盡地提案、製作、剪輯出各種議題的 4 分鐘影片更好的方法了。影片的主題包羅萬象，從新開的得來速牛排館、引人注目的謀殺案審判、心臟移植手術技術的最新發展，到心理治療師訪談電影、舞台劇、百老匯三棲的明星卡洛‧香寧（Carol Channing）。

幸好，我有非凡的工作團隊，尤其是全女性組成的助理製作與導播團隊，無論當時或現在都極為罕見。收視率就是最好的證明，當時我們是波士頓晨間談話節目收視冠軍，全美排名也在前五或前十。（這也難怪《早安美國》〔*Good Morning America*〕剛成立時想挖角

我們的人，我完全可以理解。）

但這些對我老闆來說都不重要，唯一能讓他露出笑容的事，就是讓我們笑不出來。他從不誇獎我們，只會用大量的批評澆灌我們。若有任何一部影片不夠完美（一週至少有 50 部影片，難免有這種情形），他就會要求知道是哪個製作人該負責。他希望我把團隊同仁推出去扛責任，但我拒絕了。對我來說，這再簡單不過了，我是製作人，是我同意影片播出，我就是那個該面對他怒吼的人。

我忍受大量的這類咆哮。

但我老闆其實不是這個故事裡的反派。真正的大反派是*他的*老闆，也是公司的資深高階主管之一。我在終於來到崩潰臨界點時，安排一場會議向他說明，這樣的工作環境不僅打擊團隊士氣，同時也可能會危及節目的流程與品質，因為挑撥製作團隊彼此對立，會傷害因團隊合作而來的成功。回想起來，我不確定當時到底想要從這個主管身上得到什麼，也許是解決方法，或許是處理這個狀況的建議，甚至只是一些精神上的支持。然而，他給我的建議到現在有時都還會在我耳邊迴響。

他從上到下打量了我一番，然後看著我的眼睛說：「邦妮，妳要記住一件事：在這一行，如果妳老闆叫妳舔老二，妳就得舔。」

我至今都沒忘記這句話，也永遠不會忘記。

我還記得自己走出他辦公室時有多麼震驚，我的臉色蒼白，整個人非常僵硬，幾乎沒辦法呼吸。我從沒經歷過這樣的情緒交織，既憤

怒又屈辱。我無比羞愧，居然那麼天真去找他求助。我想辭職，回家之後，在眼淚和劇烈的抽泣間，我下定決心隔天就要辭職。

在艱難的時刻，我們通常會跟別人說「拿出男子氣概」，但我反而選擇像個女人一樣處理這個情況。在大哭一場之後，我冷靜下來，思考自己可能因此放棄了什麼，還有如果我離職的話，我的團隊會面臨什麼處境。隔天我還是去上班了。我明白有哪些在我掌握之中，哪些則不在我的控制範圍內，我決定專注在前者，並盡可能忘記後者。事實上，即使我一點都不愛也不喜歡我的老闆們，我依然熱愛我的工作和我的團隊。雖然當時我沒有意識到，但這些都是我的 XX 因素在發揮作用。從長遠來看，我贏了。

我常說，女性在職場的經歷就是在鍛鍊韌性，這是真的。在我能日復一日返回攝影棚工作，並無所畏懼地直視我老闆們的眼睛時，我才真正意識到自己有多堅韌。如果說這段經歷帶給我什麼，那就是讓我變得更堅強，也更加投入保護我身邊的工作團隊，同時讓我在面對企業政治現實時變得更敏銳。我知道不會有白馬王子（甚至也不會有人資部門，畢竟那是 80 年初期）來拯救我和我的團隊，我只能靠自己。所以我就這麼做了，在沒有斷了任何後路也沒有背叛任何人的前提下，我沒有因為看不清整體局勢而毀掉自己的事業。

性別歧視是生活裡的一個事實。有時候非常明顯，像是男性主管對妳說出評論生殖器官的話。在我離開《早安！》後，這種情況也變得更微妙，例如我的整個職業生涯僅在一位女性總裁手下工作過（她

是我老闆的老闆）；或例如我很確定自己曾錯過一些工作機會，而那些機會給了能力與資格都不如我（也更年輕）的男性。

然而，在其他許多面向，我的性別確實有助於我走到現在的位置。透過駕馭我的 XX 因素並發揮典型的女性直覺，我確實能將事業向前推進。

我的意思是，無論當時或現在，我在《早安！》實踐的這種照顧團隊、重視合作，以及在工作完成時急於給予好評的領導風格，都是典型的女性主管風格。這種風格帶來豐碩的回報，建立了團隊間的信任感與忠誠度，讓我的團隊通常年資更長、工作更努力、表現也更好。他們不計代價希望節目能成功，因為他們知道這個成功也屬於他們。他們知道，如果他們做好自己的工作，我就不會讓他們失望，也不會讓他們獨自承擔失敗。

我從不像身邊那些男性一樣試圖去領導或做其他的事，在我離開波士頓之後所擔任過的所有職位中，我只是用各種大大小小的方式欣然接受並善用我的 XX 因素。

我曾主導過 7 次企業併購與公司接管，每次的成果都比前次更好，因為我已經很熟悉如何判斷肢體語言及觀察氛圍，也能彈性地知道何時該退讓，並直覺地知道該如何將我能提供的與對方需要的進行匹配，這些技巧對女性來說都更加自然。幾十年來，我建立並帶領了許多原本要分崩離析的團隊，甚至當我的團隊超過二千人時，人員離職率也不成比例地低到令我自豪。我不是靠著丟棄明顯的「女性」領

導品牌才達到這個成果，而是加倍使用它。

在召募新人時，無論應聘者是什麼性別，XX 因素始終是我優先考量的特質之一。我想知道他是否擅長與團隊合作，當他們在面試過程中談到過去的專案經歷時，我會仔細聆聽，看他們是否（或如何）肯定他人的貢獻。我會尋找他們關心同事的證據，而不僅僅是專注工作的機器人。除了尋找擅於言辭的人，我也同樣重視他們的傾聽能力。他們會不會在我還沒問完問題前就打斷我來回答？我對他們的個人生活也很感興趣。我對有個人生活的人印象更深，尤其是已成為父母的人，因為他們通常要面對來自事業與家庭平衡的挑戰。身為一名職業婦女，我的經驗告訴我，沒什麼比成為父母更能讓人學會如何在緊迫的時程中完成多重任務。

可能有人會說，我是靠打破規則才取得今天的成就，但我只會說我是靈活運用了這些規則，就像任何聰明女性都知道該如何做一樣。舉例來說，每當我的員工家裡有了新生兒，我就會同意他們一週只需工作 4 天（即使這意味著要迴避公司政策），我相信他們會把工作完成（而他們也確實都辦到了），他們也相信我會照顧他們的需求。這是雙贏的局面，也讓我多年來贏得了巨大的忠誠度。

我在薪酬這個女性依然大幅落後的重要領域上，也採取同樣的方式。我是從大師巴瑞·迪勒那裡學到的。巴瑞接管 USA 電視網和科幻頻道時，我負責營運科幻頻道，另有一位男性負責 USA 電視網。雖然 USA 電視網的觀眾較多，但這兩個職位的整體工作內容和要求

是相同的。然而，這位負責 USA 電視網的男性總裁薪資是我的兩倍。我當時不知道自己的價值，但巴瑞清楚地告訴了我。他在一天之內將我的薪資提高一倍，讓我和那位男同事同等薪資。

之後，我照著巴瑞的原則，對一位即將接手 NBC 環球集團中與我類似職位的女性提出建議。我把她介紹給我的律師，幫助她談合約，並且讓我的律師告訴她我的具體薪資，這樣她就知道自己可以提出什麼要求。就我來看，這也只是公平而已。

至於我原本在《早安！》的老闆們？可以肯定地說，從長遠來看，在這個產業中，身為男性並沒有帶給他太多優勢。他們其中一位從沒離開過波士頓的地方電視台，另一位則轉調到田納西州一個更小的電視市場。

不，謝了。即使是在男性的世界，我還是選擇做為女性。

搞定它

時至今日，我們沒有任何人能單獨改變這些規則，我們可以做的就是善用我們的 XX 因素，讓這些規則對我們有利。畢竟，莎拉・潔西卡・帕克（Sarah Jessica Parker）飾演的凱莉・布雷蕭說得對：「試圖變成男人是對女人的浪費。」這並不是因為女性優於男性，而是在某些事情上我們*做*得更好，有些事情對我們來說更加輕鬆自然。不善用這些優勢是致命的錯誤，尤其是在職場上。但反過來說，更正確的

是：擁抱這些讓女性與眾不同的特質，將其視為優勢而非弱點並加以善用，這不僅是讓我們在男性世界生存的方式，更是我們邁向頂尖的方法。

所以……

像女性一樣表達關心

女性通常會關心周圍的人。很簡單，在經歷了幾千年的照顧者角色後，我們學會關心別人。儘管這種特質在職場上經常被忽略或低估，關懷和照顧其實是女性主管如此有效能的重要秘訣。因此，釋放妳內心的照顧者，讓妳即使是在工作場合中都能主動關注他人，並敏感地察覺他們的需求。

隨時保持關注他人的感受，無論是對妳的上司或下屬，如果感覺到不對勁的地方，就主動確認一下。如果有人正處低潮，就主動提供協助。放下強悍的外在，保持親切，即使妳的事業已有所提升也一樣。如果有人主動來找妳，無論是尋求建議、給予回饋或單純分享想法，都表示他們信任妳，而信任是所有優秀領導者的基礎。這也表示他們願意在妳面前敞開心扉，妳應該以相同的真誠態度回報他們。

最重要的是，不要把溫暖和軟弱混為一談。不要因為害怕看起來軟弱而不願展現妳的關心，因為當人覺得自己的能力受到培養，以及自己受到重視，就會感覺受到保護和關愛，這樣就能皆大歡喜。

像女性一樣溝通

過去半個世紀，關於語言的討論大多集中在女性說話時會犯的錯誤，但我們往往忽略了一個簡單的事實：女性在溝通上有個與生俱來的優勢。所以，像女性一樣說話。首先，要*與*人對話，而不是對人說話。男性在對話中傾向使用「命令和控制」的方式，女性則注重更多參與和交流。在工作上，這是件很棒的事，因為這是鼓勵他人敞開胸懷，提出他們的想法。

其次，沒人會喜歡那個講話最大聲的人。無論是小組會議、董事會或介於這兩者之間的任何會議，總會有人喜歡聽到自己的聲音，把說話本身視為貢獻。但事實上，能為妳贏得信任的是妳說出的內容，而不在於妳說了多少話或是說話的語速。如果妳沒有要說的話，那麼硬要發言就是一個錯誤。我在職涯早期就知道，我的話語就是我的價值，我不會把它浪費在沒有價值或是不成熟的想法上。相反地，我的習慣是在會議上做筆記，之後再自己確認是否有值得說出來的內容，接著才會私下與相關人員交流我的想法。如此一來，我的想法都能收到良好的回應，同時也在過程中為我贏得尊重和信任。因此，當我真的在會議中發言時，人們就會認真傾聽。

最後，要記得，聆聽的能力是讓女性擅於溝通的特質，也是讓優秀溝通者更出色的關鍵。普遍來說，女性通常更能投入在對話中，不僅是聽見內容，而是帶著同理心聆聽，並在對方說完話前不打斷對方，甚至能總結對話的重點以確保雙方的理解一致。所以，不僅要像

個女性一般地說話，也要像女性一樣地聆聽。像 90 年代初期的女性那樣聆聽：放下妳的手機。

像女性一樣合作

在大多數工作場合中，合作與團隊合作通常都像是被迫的，甚至更糟的是像事後才想到的（如果有想到的話）。但我學到的是，團隊合作是決定專案與團隊是否能成功的關鍵，高於創意、效率、甚至天分的重要性。在電視業，大多數部門都是各自為政的。行銷部門不會審核劇本、業務部門對選角沒有話語權、節目編排部門不負責行銷；研究部門不會參與現場拍攝。每個人都專注在自己的工作職掌，但在 USA 電視網，我讓所有領導階層都要看劇本、討論選角、討論時程規劃、查看前期和後期製作的編輯內容，並對行銷計劃貢獻想法。如此一來，我們在每個專案都能有廣泛的意見，而其中一人的成功也會是所有人的成功。

因為我們都同等投入並共同負責，所以面對失敗時，我們能很快地走出來，而不是指責彼此；我們不會說出「不是我的工作」或「不是我的錯」這種話。很大程度上要歸功於這樣的合作模式，在我的監管下，USA 電視網創下記錄，連續 13 年成為擁有最多觀眾的有線娛樂頻道，並讓頻道的利潤成長了數十億美元。

這就是我所謂的像女性一樣合作。不要只關注妳的需求，而是要開始觀察全局。拋開只有妳應該得到功勞的想法，如果真是如此，這

一點將反映在妳作為領導者的風評上。投入妳的努力，把妳的自我置於次要位置，參與其他人的工作，同時也邀請別人參與妳的工作。

合作不是忸怩作態的企業標語，至少不應該是。它是一種取得最佳結果的有效方式。

像女性一樣戰鬥

談到戰鬥和衝突，男性和女性往往採取截然不同的方法。男性會帶著槍去刀戰，女性則是會把戰斧埋起來。我的意思是，男性會不計一切代價追求勝利，女性則傾向尋找解決方法。因此，即使在現今這種政治正確的文化裡，「像女孩一樣戰鬥」還是會讓我們聯想到戰鬥力低落。

然而，當涉及企業、文化甚至是人際關係的衝突時，像女性一樣戰鬥可以讓妳佔上風。即使男性與女性都想脫穎而出，但女性知道在短期戰役中取得勝利與贏得長期戰爭的意義並不同。我們知道讓步並不是罪過，和解也不等於妥協。畢竟在職場就和生活裡大多數的情況一樣，妳是想解決衝突而不是拉長戰線。妳想要保持友好並結交盟友，而不是樹立敵人或助長對手。

然而，這並不代表面對衝突時的每個女性化傾向都是正面的。我們經常過於通融，願意因為別人的期望而妥協自身的需求或目標。因此，如果妳仍在生氣或感到失望，就不要急著和解。憤怒和傷害是會傳染的，如果沒有好好處理，這些情緒會蔓延。在承諾自己已經放下

之前，妳應該先釐清妳的情緒：花時間思考、寫下妳的感受和仍然令妳生氣的事、對朋友傾吐，或去戶外散步。別選擇讓妳無法安心的解決方案，而應該要找出妳能接受，且仍然能讓妳感到勝利的方案 B 或方案 C，並以此為目標努力達成。

戰鬥前先制定計畫

· 定義勝利；找出另外兩個妳能接受的解決方案

· 瞭解對手的意圖：他們的目標和目的

· 知道哪些是妳可以妥協的，哪些是不能退讓的

· 問自己，為什麼我要這麼做？為什麼這是值得的？為何我如此在意？

像女性一樣哭泣

哭泣是軟弱的表現……是嗎？無論妳／妳是哪種性別，可能都被警告過不要「哭得像個小女生」。事實上，這個刻板印象的確有其根據。平均來說，女性平均每月哭泣的次數約為男性的 4 倍。這是個看似女性與生俱來且完全負面的特徵，但是即使在職場，特別是在工作上，掉眼淚是有好處的。

首先，科學家已證實哭泣可以釋放催產素和腦內啡，產生類似止痛藥的效果，有助舒緩情緒和生理疼痛。當妳被棒球砸到臉時，會忍不住大哭，並不是要過度戲劇化或情緒化，而是妳的身體在自我安撫。如果妳在工作上遇到極具攻擊性或羞辱性的言論（或者只是那天

過得很糟）而難以控制淚水，也不要對妳自己太苛求。我們能夠放下不愉快的經驗重新振作起來，並不是因為我們沒有受到影響或不哭泣，而是因為我們確實受到影響也的確哭了。後來想想，40 年前在《早安！》發生那件事之後大哭一場，可能也幫助我處理那段經歷並讓它平息。

這並不是說在工作場合哭泣是專業的，也絕對不是我推薦的做法。妳要像個女性一樣地哭泣，而不是「像小女生」一樣，這個意思是妳要控制自己的情緒而不是讓情緒來控制妳。但是我完全支持為工作而哭泣，這是生理上的舒緩，讓累積在心裡的東西能夠釋放出來。只不過，盡量把眼淚留到家裡，或至少留到妳最喜歡的洗手間裡。接著，繼續前行。

用心注意，接著傳遞下去

得到與男性相同的報酬並不是件容易的事，但仍有很多方式可以確定妳的價值，得到妳應得的報酬。接著，依字面上的意義，將財富分享出去。

用心注意：妳不能一無所知地進入薪資談判，所以要事先做好研究。弄清楚公司裡之前這個職位的薪資，尤其這個人是男性的話。如果妳的工作是新的職位，或者妳不方便詢問未來同事的薪水，可以聯絡其他競爭同業的員工，瞭解那些公司對妳這種經歷的員工會如何核薪。

一旦妳確定要求的薪資數字，就以正確的方式提出要求。帶上妳的資格和對公司貢獻的清單去進行談判。妳曾拿下大客戶嗎？妳曾推出過任何產品或帶領任何重要專案嗎？妳曾發展其他專業能力，像是技術課程或領導統馭訓練嗎？妳有帶過團隊或指導新人嗎？這些事情發生時都應該

記錄下來。也許決定妳薪水的人並不知道為何妳值得這個數字，所以妳最好準備資料來向他們說明。

傳遞下去：作為女性，我們往往會把彼此視為競爭對手。畢竟，歷史曾迫使我們為了同一片微薄的餅而戰，但時至今日，甜點已足夠分給所有人。一位女性的成功（或加薪）並不會損害我們其他人的權益，反而對我們都有幫助。所以當妳加薪時，將這個收獲傳遞下去。將妳的薪資與其他女性同事分享，讓更多年輕員工知道他們在市場上有多少價值。如果妳已經是妳公司裡的高層，推動薪資透明的文化。

像男性一樣賺錢

女性需要努力追趕男性的地方是薪資。女性的薪資報酬還是低於男性，根據皮尤研究中心（Pew Research Center）的報告指出，女性薪資僅有男性的 82％，通常兩性從事相同的工作時，女性得到的薪資較低。2022 年發表在《自然─人類行為》（Nature Human Behavior）的一篇研究論文指出，美國女性在為同一雇主從事相同工作時，薪資大約比同儕男性少了 14％。對女性創業家來說，數字更為驚人：女性創辦人獲得的創業資金僅占全美國總額中微小的 2％。所以，擁抱女性的 XX 因素，但堅持要求與男性相同的薪資。

Ꮛᐟ 結語

在曾經共事的40年後，波士頓工作時期的老同事伯特·杜布羅（Burt Dubrow）突然聯繫我。從 Facebook 的對話開始，到 Zoom 的通話結束，我們先瞭解彼此的現況，接著他提到，早在當年他就知道我會成功。為什麼？因為據他所說，我總是非常「端莊」。剛開始，我感到非常驚訝，我記得當初想著：人們已經不再用這個詞了，而且即便用到這個字，通常也不是讚美。

但重點是，伯特*確實*是在讚美。他的措辭雖然過時又有點笨拙，但他的意思並不是暗示我嬌小、脆弱或溫柔，而是恰好相反。我認為他看見我從未試圖把自己變成男性而展現出的力量，我相信他也看見我如何在職場上善用這些我作為朋友、妻子、以及母親的特質。伯特所說的端莊，其實就是在說我的 XX 因素。他是對的，我這一生都能自豪地擁抱我的性別並因此登上這一行的巔峰。我不是因為無論是否身為女性都能成功，而是因為我是女性才成功。去他的男性世界！如果伯特要說我端莊，我也樂意接受。

8. 說話不需要成本／
說話是珍貴的貨幣

我們被告知：「說話不需要成本」

　　幾乎我們一學會說話，就被教導「語言有其限制」、「坐而言不如起而行」，或是「行動會說明一切」、「我們不該光說不練，而應該付諸行動」、「棍棒和石頭可能會打斷骨頭，但言語傷害不了我」、「重要的是我們做了什麼，而不是我們說了什麼」。表面上，這些朗朗上口的格言似乎有些道理。當任何人都能說任何話時，不難理解為何單單只有言語會顯得無足輕重。

事實：「說話是珍貴的貨幣」

　　在內心深處，我想大多數人都明白這一點。畢竟，政治運動的輸贏通常取決於辯論和競選演說。電影中的對白和關於電影的討論會影響它的票房成敗。「我們需要談談」在任何感情關係中都是最可怕的一句話，也不是毫無道理。

　　我們知道言語是有重量的，但就我的經驗來看，大多數人都不知道言語有多少重量。如果我們真的瞭解這一點，就會更小心、更仔細思考、更謹慎看待我們所說出來的話（和說話的方式）。

　　大多數時候，我們都知道不應該徹底說謊，但我們卻會說出不真

心的讚美。想想《辣妹過招》（Mean Girls）裡蕾吉娜‧喬治（Regina George）戲謔地說「我喜歡妳的裙子！」，之後卻對別人說那是「我看過最醜的裙子」。我們會提出從喝杯咖啡到跨辦公室交流的各種邀約，但其實我們並不打算執行。我們答應要採取後續行動，但後來卻忘了，或單純只是沒有繼續做下去。我們會說自己瞭解一個其實自己並不懂的主題。我們會粉飾我們所說的故事或提供的建議，因為出於善意地保護自己免遭批評，以免讓其他人感到不適或失望，或讓某人或某事看起來很好、感覺更好。

某種程度來說，我們都會偶爾誇大其辭或使用空洞的修辭。我們也許不會抹去事實，但我們很可能都曾在某些時刻掩蓋過事實。問題是，說話並非不需要成本。

我們說出不精準的話將會日積月累，最終以損及我們的誠信作為代價。如果我們的言語不受信任，我們這個人也無法受到信任。這就是為什麼在工作和生活中，我們的言語代表一切。

更重要的是，我們的言語也能幫助我們得到（幾乎）任何事物。它們確實是貨幣。

但在工作上，女性經常沒有充分利用言語的力量。也許大多數人都知道我們不能或不應該如何使用我們的聲音：不說謊、不尖叫、不對老闆破口大罵，也不該對同事擺出高高在上的態度。但是大多數人卻不瞭解可以及*應該*如何使用我們的聲音。我會聽到人們抱怨問題、思考問題，或把最糟的情形災難化，卻沒有意識到他們的話語其實可

以提供他們出路、提升或解決的方法。或者他們知道，但他們仍在苦苦糾結接下來該怎麼做。

我告訴他們：我們的聲音是能將我們從 A 點載至 B 點的車輛，並幫助我們越過終點線。（如果我們莽撞地使用它或失去對它的控制，可能也會脫軌，讓我們出意外，甚至徹底失敗。）言語不僅能為我們贏得信任、尊重與認可，如果使用正確的語調和策略，還能幫我們爭取加薪、升職，以及接觸到原本無法接觸到的人和機會；讓我們在飯店或搭機時得到升等，或在客滿的餐廳預約到晚餐位置；讓我們擺脫困境，贏得某人青睞；讓我們更接近我們想要的一切，或至少讓我們知道為什麼得不到。不開口，什麼也得不到。

忘掉「坐而言不如起而行」，有時候，我們要得到行動的機會，必須先掌握開口的機會。然而，我們經常假設不答應就是拒絕，也常因為害怕被拒絕而錯失得到許可的機會，更常以暗示代替直接詢問。

這種生活方式是行不通的。如果我們想要什麼，就必須遵循幼兒法則：開口要。但光是大聲說出來並不夠，我們必須要*正確地*表達。畢竟，如果我們的言語是最珍貴的貨幣，那麼我們花用它的方式就非常重要。無論好壞，言語都會在我們離開後久久迴盪不去。

言語會讓與我們交談的人瞭解我們的個性、優先事項，甚至潛力；我們的能力、顧慮、關注、在意和創意；我們的價值觀和弱點。如果以正確的方式將言語串連起來，可以提高言語造成共鳴的機率並讓我們得到想要的結果。如果我們帶著溫暖、熱情、活力、信心、清晰度

說話，可以讓人更真心地傾聽我們，認真地看待我們並與我們交流。

　　儘管說話的成本不低，但基於 3 個理由，有時我們所能說出的最有分量的話語，其實是保持沉默。首先，我們過度濫用某些詞語，例如「我很抱歉」這句話已失去它的意義和影響力，若要保有這些詞語的價值，就只能在必要時刻和我們真心如此感受的時候才使用。其次，在爭執或衝動行事而一頭熱時，說出的話可能會阻礙我們達成目標，並在事後讓我們糾結不已，更別說那些話會如何傷害他人。最後，即使是那些深諳其道，能像使用解剖刀而非斧頭般巧妙運用言語的人，也明白光靠能言善道只能解決一半的問題。

　　此外，如果我們不知道*他們*（我們的老闆、員工、合作多年的老客戶、試著開發的新客戶、伴侶或孩子）要什麼，就無法與他們建立連結。這也就是為什麼真誠地傾聽並真正理解對方所說的話（以及沒說出口的話）也同樣重要。在某些情況下，AMC 電影院在電影開場時投在銀幕上的話是對的：沉默確實*是*金。

∽ 我的視角

　　有些電視製作人對我描述他們的工作時是這樣說的：「空中交通管制員」、「馬戲團主持人」、「職業運動隊教練」、「一人樂隊」和「百人交響樂團指揮」。那是因為在電視業，製作人的工作幾乎包山包海。從構思節目片段和故事、確保專家和來賓出席、勘察拍攝地點，到整合行政庶務、規劃時程、排練、拍攝和剪輯，他們包辦一切。

在我 30 歲前後時，我也會說*我們*包辦一切。我在晨間談話節目《早安！》擔任監製（最後成為執行製作）那幾年，儘管我的工作職責無邊無際，但我的整個工作宗旨可以概括為 5 個字：讓他們答應。

當我為節目安排來賓檔期，或是試圖讓他們做些跳出舒適圈的事情時，這是我必須做的事；當要說服專家同意受訪，或是讓當地醫院同意我們在狹窄的手術室裡進行拍攝時，這是我必須做的事；當我需要說服過度勞累的佈景設計師團隊再花幾個晚上和週末結案，這是我必須做的事；當我想僱用已收到競爭對手電視台極具吸引力的工作邀約的人才時，這也是我必須做的事。

我必須讓他們答應，而我所擁有的最強工具就是我的言語。（在為晨間新聞安排來賓的例子中，言語真的是我唯一的貨幣，真的是字面上的意思，因為依法規定，來賓不得因上節目而收取報酬。）

因此，我訂出一些教戰手冊，以便在需要尋求幫助、說服懷疑論者、真誠道歉、甚至與某人對抗，或者在需要設法進入某個場合或脫離困境，而不知從何開始時得以遵循。這與大量詞彙或完美文法無關，也不是要成為無可匹敵的演說家，而是在善用我的言語完成節目工作。一切都是為了製作節目。

實際上要「讓他們答應」會是什麼樣子？1982 年時，我的波士頓晨間節目團隊需要說服麻薩諸塞州普羅文斯敦鎮的鎮長（那是當地最接近市長的職位）同意，將當地的主要道路封路一週，以便我們進行戶外直播。我們無法支付費用給普羅文斯敦鎮或當地受影響而暫停

營業的店家，只能宣揚節目觀眾數量所代表的曝光量（作為當時新英格蘭地區晨間談話節目收視冠軍，觀眾數量真的很多），最終他同意我們的要求。

接著挑戰的第二部分來了。我的製作人之一約了當時的明星音樂家彼得‧艾倫（Peter Allan）來進行現場直播表演，他相當於我那一代的哈利‧史泰爾斯（Harry Styles），而他只有一個要求：他只用他招牌的白色施坦威小型三角鋼琴表演，這款鋼琴要價 10 萬美元。

基本上，要找到白色鋼琴很難，找到施坦威鋼琴更是難上加難，更別說是白色的施坦威鋼琴。而想要在戶外、曝露在自然環境中免費使用？別想了，根本不可能。

但我的製作人說她會讓這事成真，然後她逆向思考，從目標結果出發，打電話給新英格蘭地區的所有鋼琴店家和供應商，終於在新罕布希爾州找到願意無償出借（並運送）鋼琴給我們的店家，而我們再次以難以想像的曝光量作為交換。「曝光量」是製作人在無法真正支付價金時會使用的貨幣。她對店家說：「如果妳幫助我們，我會讓妳的店名和電話出現在整個新英格蘭地區的電視螢幕上。這不僅是免費廣告，而是根本花錢也買不到！妳知道每天早上有多少母親和剛開始學鋼琴的孩子在看我們的節目嗎？」

店家以優質服務將鋼琴完美送達。彼得的戶外表演是我們那週的亮點。當他的表演接近尾聲時，天空開始下起毛毛細雨，我們整個團隊立刻採取行動，將施坦威鋼琴推至安全地點。言語為我們那天的節

目帶來價值 10 萬美元的寶貝,但如果我們毀了它,我不確定言語還能不能幫我們脫身?

然而,有時承諾曝光量反而對製作人不利。它可能是阻礙而不是誘因,若是這樣的話,我們就必須努力(和說話)避開這件事。在 2016 年時,我在《早安!》時期的夥伴和他在 CNN 的團隊,需要取得兒童醫院院長的許可,去拍攝一場長達 27 小時的腦部相連連體嬰分離手術。噢,她還需要取得家長同意,答應他們無論手術過程發生什麼事,都能全程待在手術室裡拍攝。她沒辦法支付任何報酬,也知道「曝光量」對一個擔心孩子生命的家庭也不具吸引力。

與其希望他們保持中立,製作人將情境設計成所有相關人員都能滿意的雙贏局面,給予所有人員參與的誘因。她承諾將真實呈現這段在情感和醫療上都極其疲憊的經歷,不僅讓雙胞胎更人性化,也展現了無數參與其中的醫師與護理人員的英勇事蹟。她的作品贏得艾美獎記錄片獎座,也實現了她的諾言。

我在幾十年前就離開製作人的工作,但我在那之後的每個工作都能成功,絕對可以歸功我保持製作人心態。無論是波士頓的晨間談話節目、摔角節目、實境節目或是整個電視網的節目,戲都要繼續上演。我不怕說出自己的想法,或要求對不合時宜的專制規定破例。如果無法面對面溝通,我永遠、永遠都是拿起電話,親自真誠地向對方說明。

隨著事業攀升,我得到很多有助於我達成目標的工具,包括一流的演員、作家、拍攝道具、為新進人員提供具有競爭力的薪酬,最終

是華麗的董事長職稱和高階主管辦公室。然而，若是沒有我的言語，這一切都得不到。自始至終，言語都是我的最強工具，其他只是點綴。

　　我的言語（包括懂得在何時、何地及如何使用）不僅是工作上的本錢，也在生活中幫助我許多。

　　多年前一次家庭旅遊時，我們預訂了一台休旅車並已支付租金，卻得到一台破舊的小轎車。我的丈夫戴爾堅持我們擠一擠也行，他說車子不重要。我認為車子當然重要，不僅為了舒適，我們要帶著一大堆行李和滑雪配備，開一大段曲折的雪路，我們幾乎裝不下所有物品（或者可能會無法看清後方視線）。對他來說，「不」這個字就是一封警告信；對我來說，那只是一個需要克服的障礙。妳大概可以猜到後來發生什麼事。

　　不久之後，我們開著一台比我們預定還要更好的休旅車從停車場離開，當時 10 歲的兒子傑西問戴爾：「媽媽*總是*要得到她想要的東西嗎？」答案當然是否定的，但我*總是*會試試看。

　　如今，我可能已經不再需要說服知名美髮造型師維達・沙宣（Vidal Sassoon）在托普斯菲爾德博覽會 * 上直播擠牛奶，但當我需要已售罄的首映會入場券、與堅持自己沒時間的作家開會，或是預約當週（而不是 3 個月後）的看診時，我就會開口並試著改寫故事。當

---

* 譯註：托普斯菲爾德博覽會（Topsfield County Fair）是指美國麻薩諸塞州的托普斯菲爾德每年舉辦的縣博覽會，包括農業展覽、家禽比賽、園藝展覽、手工藝品展示、遊樂設施、現場音樂表演、美食攤位等，還有南瓜重量賽、動物表演等傳統活動，是當地歷史悠久的重要活動。

我需要向家庭成員道歉，或與朋友進行高難度談話時，我都會記得，自己說出的言語和表達的方式也很重要。

作為製作人，我學會如何提出要求以及如何表達這些要求；如何閱讀表情並說出對方的想法；如何使用親切、脆弱，甚至挖苦來謀求自身利益。我學會如何微笑並激發對方的同情心來達成我的目標，甚至學會如何適時保持沉默。我不僅學會如何說話，我也學會如何控制我的聲音並掌握自己的生活。

⌒ 搞定它

在電視業工作讓我學到，說話並非抽象的藝術，而是一門可以學習的科學。我也發現，這個應該通用的技能其實並不普遍。然而，作為製作人，我學會如何使用語言工具、策略、表達方式、甚至是每個人在日常生活都用得到並能從中受益的語氣選擇。這些語氣選擇有助於讓我們的理念引起共鳴，幫助我們達成目標，賦予我們成為掌握自己生活的力量。如果我們的言語是最珍貴的貨幣，那麼這就是我們該如使用，並讓它們發揮作用的方式。

所以……

不要誇大事實

如果妳的言語是貨幣，那麼每次妳不誠實的時候就會失去它的價值。對大的謊言來說絕對是這樣，被抓到一次就絕對會被炒魷魚（或

被甩）。對小事情來說也一樣，例如妳省略的真相，以及妳掩蓋或誇大的細節。不僅妳說出的話是這樣，寫下來的文字也一樣。

各階層的人都有一把「鬼話測量尺」，可以精準辨識出不實的說法，即使是小小的善意謊言也可能會重重咬妳一口，帶來嚴重的後果。因此，如果妳在第一學期結束前就退掉那門語言課，就不要在履歷寫上精通芬蘭語（就像小說家蘇菲・金索拉〔Sophie Kinsella〕著作《購物狂的異想世界》〔Shopaholic〕中的麗貝卡・布盧姆伍德〔Rebecca Bloomwood〕）。如果妳在面試時提到的主管根本不記得妳的名字，就不要誇大妳在專案中的角色；更不要在還需要再一個星期才能完成簡報時，卻告訴主管妳已經快做好了。與其同意一個截止時間卻完全無法如期完成，不如採用暫定時程以保有彈性空間。一旦妳的可信度有了瑕疵，他人對妳的信心產生動搖，就很難再贏回來了。妳的言語會變得毫無價值。如果妳的話失去價值，妳就什麼都沒有了。

幫自己買一些時間

孩童時期，我們常常說「我不知道」；長大後，我們依然經常有這種感覺。（相信我，我每天還是會對某些事感到不確定。）但在成長過程中某一刻，我們忘了承認自己卡住或不太確定其實是沒關係的，或者我們有時需要多思考或理解一些事情，才能對後續的言行更有信心。當這種情形發生在對話過程中，我們往往會發現自己試圖透過言談來解決問題，但卻失敗了。

清理妳的言語痕跡

清理那些在看似無關緊要的閒聊間隨意留下的言語痕跡，是很重要的。如果妳提過要幫某人介紹某個人脈、仔細閱讀他們的履歷、或提供推薦書單，最好要採取後續行動。如果我們說過想要和某人喝一杯，即使再不情願也最好主動發出邀約。尤其在現今這種行動電腦、規劃表、行事曆、鬧鐘、筆記本隨時放在口袋的年代，說忘記了是一個很差勁且懶惰的藉口。雖然我從不建議在對話時使用手機，但這是我的例外情形。拿出手機，打開草稿匣，記下妳說過要做的事。（儘管說出：「我要把這事記下來，免得忘記了。」）如此一來，當妳回家後、隔天早上醒來後、或終於弄清楚自己的時間表或答案時，就該把事情做好。

這不是解決方法，在職場上甚至可能造成很大的問題。所以，放心說出：「我需要一些時間確認」、「我還沒取得所有資料」、或是像「我需要考慮一下再回覆」這種簡單的說法。工作時，這類的話語不僅不會妨礙妳，反而有助於妳前進，因為這能展現出脆弱、誠實、縝密、動力，這些特質無論屬於任何層級的員工都值得讚賞。儘管如此，務必要採取後續行動並堅持到底。

重視善意

當陽光灑在妳的臉上、意外升職、又中了樂透彩券，這些好事全都同一天發生時，善良很容易。如果妳被開除後又立刻被困在大雨中，回家後又發現停電了，善良就變得有點難以持續。但是當妳感覺全世界都在跟妳作對，而妳和想要或需要的東西之間只有一個人，無

論那是客服代表或是同事，妳都應該將他們視為解決方案，而不是問題本身。有個很好的規則可以遵循：妳愈是感到沮喪或厭煩，就愈應該表現出體諒、同理心和順從。

這似乎違反直覺，而且通常需要妳保持沉默。但如果妳的航班被取消，航空公司 App 又一直當掉，妳失去一切耐心，還要與同樣焦躁的 50 人一起排隊，試著將登機口的地勤人員視為這情形下的受害者，而不是當成要打敗的壞人。如果妳帶著關心他今天過得有多糟糕的方式接近他們，而不是長篇大論地單方面訴說妳的情況有多麻煩，下一班飛機可能很神奇地有妳的位置（機位升等也可能憑空出現）。

曾在波士頓與我共事，現任 NBC《今日秀》資深製作人的黛比・柯恩・可索夫斯基（Debbie Cohen Kosofsky）讓我學到，親切有同理心的言語再加上笑容所擁有的價值，幾乎永遠是「答應」的最好途徑。畢竟，要讓某人幫助妳，最可靠的方法就是讓他們*想要幫助妳*，讓他們覺得那是他們的選擇，而不是對他們的要求。所以，表現出討喜、脆弱甚至令人同情的樣子，讓他們願意幫助妳。

這個道理出奇地簡單，但卻很少被採用。它讓妳的談話對象卸下心防，並讓妳在有著相同目標但怒氣沖沖的人群中脫穎而出。不要攻擊傳話的人，而是用善意慢慢地擊倒他們，並達成妳想要的戰利品。

關懷對話的速成課……以及不該做的事

正確方式

候位者：嗨，今天很難熬吧？我猜妳應該恨不得馬上回家。

└─*同理心*

地勤人員：今天真的很辛苦。

候位者：對了，我很喜歡妳的耳環，是在聖塔菲買的嗎？

└─*恭維*

地勤人員：對啊，這是我最喜歡的耳環之一，妳怎麼知道？

候位者：我媽媽就住那裡，她前陣子來找我時買了一副類似的胸針給我。

└─*個人連結*

地勤人員：那有什麼我可以幫妳的？

候位者：我的問題應該很常見，我知道妳很忙，所以如果妳沒辦法幫上忙的話我也理解。我今天早上錯過航班了，雖然我很想把這事怪在我那沒趕上巴士的 8 歲孩子身上← *悲慘的故事*，但不行，這事是我的錯←*謙卑*。這是今天最後一班飛機了，雖然我已經在候位名單上，但今晚我能不能飛到丹佛出差對我來說真的很重要。如果有機位釋出，請記得我，真的非常感謝妳的幫忙。

地勤人員：目前看起來都滿了，不過我會看看有什麼我能做的。

候位者：那我就不打擾妳了，我坐在那邊的藍椅子上等著妳的任何資訊更新，非常感謝。*關鍵語*

後續：候位者坐在附近可以讓地勤人員隨時看到的地方，不打擾地待

150

著。最後成功搭上飛機。

故事的寓意：一些理解、謙卑和耐心可以走得更長遠。

與下文的錯誤方式進行比較

候位者：我今天過得<u>糟透了</u>← 討厭的開場白，妳一定要讓我搭上這班飛機。←*要求，而非詢問*

地勤人員：抱歉，班機目前已客滿。

候位者：怎麼可能！大家都知道航空公司會超訂← *錯誤的假設*，妳一定有辦法的，我是飛行常客！← *試圖施壓*

地勤人員：目前航班確實滿位了，候位是由演算系統安排，不是我可以控制的。

候位者：我不相信。這樣的客戶服務太爛了←*雪上加霜*，我要跟我認識的所有人說不要搭妳們家的飛機。妳主管是誰？← *試圖施壓*

後續：候位者沒搭上飛機。

故事的寓意：傲慢從來不會有好結果，即使地勤人員幫得上忙，這位旅客也讓人找不到理由幫他。

評估妳的選項

　　無論在工作上或是生活裡，我最常給的建議就是：*開口問吧*，而且如果在我說完後，每得到一個嚇傻表情就能拿到 10 分錢的話，那我應該可以漫遊在一個滿是硬幣的泳池裡。有非常多為自己發聲的方

法可以幫助自己，許多女性卻不懂其道。就我的經驗來看，會讓大多數人躊躇不前的，不僅是害怕提出棘手的問題，更因為我們對那些可以且應該要提出的重要問題一無所知。

如果妳覺得卡住了、撞牆了、缺乏溝通、懷疑或難過，試著問自己這些問題：如果現在可以得到世界上的任何東西，我會想要什麼？是什麼阻礙我得到它？哪些人有能力可以幫助我越過這個阻礙？他們都已經拒絕了嗎？有人已經拒絕了嗎？我是不是根本還沒開口問？如果我已經開過口，是不是有拿出最好的說辭？如果我沒有拿出最好的說辭，是不是可以跟進或者再試一次？如果這扇門真的已經關上，是不是還有一扇窗可以讓我爬過去？

開個玩笑……自嘲

幽默、諷刺和機智一起走進酒吧，冷嘲和熱諷滿場飛。

很難笑，我知道，但卻不失為溝通的好方法。事實上，幽默感在提出觀點並要留下深刻印象的時候非常有效。它可以幫忙處理不太舒服的話題，或在不自在的情況下緩解氣氛，讓妳顯得更特殊且有個性，也能讓人專心投入妳的話題，無論妳說的內容是什麼，都能讓人難忘。

雖然我們認為課堂上的丑角很蠢，但善用幽默感其實會讓妳看起來很聰明（想到有趣的人通常平均智商較高，這也算合理。）哈佛大學和華頓商學院的研究指出，善用幽默感也有助於職場上的表現，讓

妳在工作中看起來比實際上更游刃有餘和自信。

職場上，無論是在跟同事聊天、對全公司的報告，甚至是績效考核都可以開玩笑，只要謹記一件事：除非妳的工作是諧星或是在爆笑頻道的特別節目上吐槽某人，否則永遠只拿自己開玩笑。打擊下屬是殘忍，打擊上司是愚蠢，但打自己的臉則可能很有趣。

此外，這也會讓妳顯得不那麼嚴肅，可以放下身段輕鬆一下。在職場上，*這是真正的特色*，會讓妳看起來更能同理、脆弱、開放且謙虛，也能成為大家都會想親近的人。再次強調，除非妳是週六夜現場的演員，否則並不需要搞笑演出或以完美的脫口秀段子在職場上獲得成功。只要稍微放鬆，就能讓人眼睛為之一亮，並提升自己的形象。

舉例來說：

- 收到同事送的紅酒時，我寫了張謝卡告訴他，我們的友情對我保持清醒可能不太有利。
- 我的每份簡報開頭都是一張混合多種元素的手繪卡通圖（再合成同事的臉）來緩解一下緊張氣氛，讓大家（尤其是包括我老闆）放鬆一點。
- 每個新年、新學期或新季度，我都會把目標寫成首字母詩 *。
- 大家都知道我發工作郵件時使用 Comic Sans 字體；妳可以取

---

* 譯註：首字母詩（acrostics）是指把每個字的第一個字母排列起來，成為一個單字或短語的文體，有助於記憶或組織概念，例如將情境（Situation）、任務（Task）、行動（Action）、結果（Result），組合成 STAR 就是首字母詩的一種形式。

笑我，但我想傳遞重要訊息時，它能降低訊息的尖銳度，不會有人看著 Comic Sans 字體時會感到被嚴重冒犯或傷害。

自我檢查

身為職場女性，說話有時會像走入言辭陷阱。我們小時候學習如何使用自己的聲音的方式，如今卻被社會輕視，甚至被批判為愚笨、自我鞭苔或不夠世故。然而，事實要複雜得多。

當我們將句尾的語調像提問一樣上揚，研究顯示這是潛意識地想表現出謙虛、阻止打斷、保持發言權並尋求確認。而當採用相反的方式將句尾語調往下壓，聲音逐漸減弱，可能是無意識地試圖加深音調並轉換聲調。無論是提高聲調或是使用氣泡音＊，對我們都是不利的。

還有些女性傾向會使用的其他習慣。我們會使用「像是」和「嗯」來填滿語句間的空檔，讓自己多點思考空間；我們有時會在自己說話間插入「妳懂我的意思嗎？」；我們會在電子郵件（包括工作郵件）用驚嘆號或笑臉符號做為調節，試圖展現熱情蓬勃，來讓我們傳遞的負面消息或回饋能更柔和；我們會在即使不感到抱歉時也說不好意思（女性的癖好），或在提問前先詢問是否能提問，因為我們一直以來都被灌輸要有禮貌，迴避直接表達自己，甚至在行動中也會潛意識地質疑自己。有時候，我們甚至會說「抱歉，我可以問妳一個問題嗎？」

＊ 譯註：氣泡音（Vocal Fry）是指在句尾降低聲音，讓聲帶微顫而發出略帶沙啞的顫音效果，發出的聲音會比原本的聲音來得低沈。

這種雙重打擊的言語迴力標最終會反彈，直接砸回說話者的臉上。

　　妳不需要我來告訴妳，世界看待女性的標準有多麼不公平，但我也不會騙妳說這些不重要，因為事實上這些確實很重要。所以，特別是在工作中，記得自我檢查。在發出電子郵件之前先讀過幾次，刪掉不必要的文字或標點符號。如果有一個大型報告要做，可以先在鏡子前練習並錄影，留意每句話的語尾語調盡量保持一致。此外，放慢說話速度也可以幫妳過濾掉語氣詞。

　　我不會說這很容易。通常，我們自己也沒意識到的根深蒂固習慣往往最難戒掉。好消息是妳不用獨自面對，現在每個人都可以使用Google、YouTubbe，甚至 MasterClass 線上課程平台來精進自己的簡報、溝通和表達技巧。如果妳是中高階主管，而且即將有一場大型會議或活動，看看公司是否願意為妳投資一位溝通或演講教練。（如果公司拒絕了，妳可以考慮投資自己。）相信我，從政治、媒體、體育界到美國企業，達到某種高度的人都會尋求外界協助，包括我自己。這種方式很有效，而其所帶來的回報也非常值得。

不要模擬兩可

　　打開妳的眼睛和耳朵，妳會發現到處都是模擬兩可的說法，尤其是女性出現的場合。我們使用有保留的字詞，像是「*只要、某種程度上、可以這樣說、妳懂的、我的意思是、可能、我想、妳可能、我不一定對、我想要*」來表示禮貌，並為我們出錯或是對方可能不同意的

狀況保留了餘地。相反地，男性會避免使用這樣的字詞，因為他們不
傾向使用帶著不確定性的表達方式。

說抱歉的微妙藝術

說「我很抱歉」的最佳方式是什麼？視情況而定。妳是否犯了什麼錯？
如果沒有的話，那就跳過這個環節，什麼都不要說。畢竟現在是 21 世紀，
女性早就不再需要過度道歉。但如果妳確實犯了錯，例如在過程中傷害
某些人，如果妳的「我很抱歉」代表「我把事情搞砸了」，那道歉就不
僅是個好主意，更是沒有商量餘地下非做不可的事。不過，這不代表隨
便敷衍的道歉都能起作用。以下是可供遵循的清單：

- 承認妳所犯的錯以及它帶給別人的感受。
- 別說「但是」，那只是另一種找藉口的方式。如果妳在找藉口，那
  代表妳不是真的感到抱歉。
- 說明妳從這次事件中學到什麼，以及妳如何努力避免再犯。
- 別發誓妳永遠不會再犯，而是發誓妳會努力試著不要再犯。
- 讓妳的道歉更具個人化並帶有人情味，表明妳確實瞭解對方也感激
  對方。
- 及時道歉。
- 不要讓道歉變成交易，或是妳希望獲得回報時才道歉。
- 不要對對方的回應方式抱持任何期待。

在這種狀況下，那些贊成票 *，呃……應該說是那些傢伙就佔了

---

* 譯註：作者在此取贊成（aye）和傢伙（guy）的諧音，guys 通常用於男性，比喻男性在這種情況
　　下通常較容易取得認同。

上風。我們的目標不是驕傲自大，而是自信，而說話模擬兩可通常會削弱我們的論述，甚至在我們把說完話之前，就已經對結果造成損害。更糟的是，這樣的表達方式常常會讓我們以暗示的方式表達感覺或需求，可能因此會造成錯誤解讀或誤會。直接說出妳真正的想法，也認真看待妳所說的話，修掉那些模擬兩可的詞語。

邦妮字典

是（ㄕˋ），副詞。永遠表示肯定，接受它，什麼都不用再說。

不（ㄅㄨˋ），副詞。通常表示現在不要。將拒絕視為取得同意的挑戰。問問妳自己：這個「不」究竟是什麼意思？不要在這裡？不要現在？不要妳？不要我？

但是（ㄉㄢˋ ㄕˋ），連接詞。健忘症。說出這個字的那一秒，別人就會立刻忘記也不在意妳之前說過的任何事。

抱歉（ㄅㄠˋ ㄑㄧㄢˋ），形容詞。僅適用於真心且必要的道歉。

我可以問妳一個問題嗎？（ㄨㄛˇ ㄎㄜˇ ㄧˇ ㄨㄣˋ ㄋㄧˇ ㄧˊ ㄍㄜ ㄨㄣˋ ㄊㄧˊ ㄇㄚ），慣用語。妳剛剛已經做了。

希望（ㄒㄧ ㄨㄤˋ），動詞。消極動詞，不適用於職場。把它留給妳的神仙教母吧！如果妳想要什麼，明確地提出需求，不要希望某人會出現來拯救妳。

專注

　　許多政治人物和企業高層在任期初期進行傾聽之旅，在坐滿選民和員工的小鎮禮堂舉行非正式會議，讓他們可以說出自己的想法、分

享意見，因為最好的領導者也會是最好的傾聽者。

領導者在採取行動前會先傾聽他人的問題、考量和憂慮，在全盤瞭解問題之後再做出讓人們都滿意的決策，也因此比較不會做出惹怒眾人的決定。至少，好的領導者會讓人們覺得自己被看見，意見也能被聽見，這樣即使他們做出某些人不支持的決定時，也能將傷害和影響降至最小。

就像說話一樣，傾聽也是一種技巧，不是每個人天生就擅長。幸好，這也是*可以學習*的。首先最基本的原則就是：專注。把手機放一旁；與對方進行眼神交流；認真聽對方說的話，而不是妳的內心戲，並提出思考過的相關問題。如果情境適合的話，可以詢問他們的工作、家庭和生活。如果有機會的話，在進入對談前先做好妳的功課，無論聽眾只有一人或是全場座無虛席，妳都應該做好準備，對他們以及他們關心的事具備基本的理解。最重要的是，要明確表示誠實不會造成任何不良結果，尤其是來自妳主管或下屬的坦誠意見。妳應該想聽到實話，雖然實話可能會造成一時的傷害，但將來會對妳有幫助。

打電話給他們

在這個數位優先的世界，人與人之間的關係不再只是六度分隔，而是與*任何事*都只有一*鍵點擊*的距離。然而，在這個充滿應用程式、電子郵件和訊息的時代，我們都忘了一件很簡單的事：這個隨身攜帶（如果忘記帶就會很焦慮）的裝置原本是用來打電話的。

如今，似乎很多人都覺得這個功能已經過時了。諷刺的是，電話剛發明時，當時很多人覺得有電報可以發訊息給距離遙遠的人就足夠了。事實上，西聯匯款（當時壟斷電報業的公司）婉拒購買亞歷山大·葛拉罕·貝爾（Alexander Graham Bell）的電話專利也是出於這個理由。他們不禁懷疑，誰會在意聲音呢？

無論當時或現在，我都贊同貝爾的想法。線上預定餐廳很方便，Google 搜尋「目前波士頓願意接受新病人的最佳諮商師」也可以，但是當妳需要幫忙、需要破例或是特殊安排時，要記得，光靠點擊無法適切地傳達妳的個性和需求。即使是再文情並茂的文字，在螢幕上顯示或白紙黑字印出來，都無法呈現聲音所能傳達的情感。

在複合式工作的年代，考慮成為複合式的溝通者吧。一般情況下可以使用 OpenTable 這類應用程式，趕時間的時候可以發簡訊，但如果妳有時間，而螢幕上看起來餐廳已經客滿，拿起電話，用妳的聲音去親切地提出需求，讓他們有機會答應妳的要求。

讚美及感謝

妳應該謹慎地控制批評，但如果是要對做得好的部分給予讚美，應該要大聲宣揚，讓大家都知道。致謝時也是同樣的道理，說「謝謝」時，多說幾次也不為過。這道理似乎顯而易見，但是「做得好」和「我非常感激」卻往往說得不夠多，尤其是在職場上。那是因為人們通常認為，當別人完成他們工作職責範圍內的事情時，沒有必要特別表達

認同或感謝。但如果他們做得很好或表現遠超乎預期，不要把這個想法留在心裡，應該要讓對方知道。此外，讚美不能是隨便的一句話，應該要有針對性，說出對方做的哪件事讓妳印象深刻，或是他們的表現如何超出預期。這不僅是該做的事，也是一種策略。因為如果他上次幫妳之後的感覺很好，之後他會更願意幫助妳。同時妳也在為公司文化定調，這樣的先例會被複製，也許未來會對妳有益。

留待稍後

我的人生中有幾件很後悔的事，沒有在該保持沉默時閉上嘴就是其中之一。無論是在家庭聚會的桌遊比賽中，或是公司的董事會議上，我都曾因為說話前沒有考慮到後果而感到愧疚。如果妳像我一樣（身為一般人，妳很可能也同樣如此），好消息是有些方法可以控制住混亂的場面，還有訣竅可以幫助我們閉上嘴巴。

所以，在說出可能會讓妳後悔的話之前，放慢速度，深吸一口氣，數到十，接著問自己：

- 這會讓氣氛緩和，還是會讓情勢升溫？
- 這會浪費大家的時間，還是善用時間？
- 這會讓對話離題，還是拉回正軌？
- 這會造成困惑或誤會，還是可以澄清情況？
- 這會對某人造成傷害，還是有助於和解？
- 這會引發爭執，還是解決爭端？

回答這些問題，妳就能找出答案。在說出可能會對妳的一生造成重大影響的話之前，多等一下總不是壞事。如果妳要給予某人批評建議、通知壞消息，甚至是提出可能會讓對方尷尬的問題，但又知道自己非做不可的時候，請記得：絕不要在公開場合進行，私下在辦公室或是出去喝杯咖啡時再單獨談。

不要貶低自己的價值

女性通常是自己最可怕的敵人和最嚴厲的批判者。無論在自己或其他人面前，我們經常挑自己的毛病或貶低自己來娛樂大家。我們會對自己的身體、思維、想法做出我們永遠不會對別人說的的評論，說自己不夠好、不夠聰明、不夠漂亮。然而，貶低自己的價值是很危險的事。它會扭曲事實、使我們分心，無法專注在真正重要的事情上、甚至會讓人對我們失去信心，不認為我們能做得更好。它會造成錯誤的限制，導致不必要的盲從。它會摧毀我們的信心，繼而導致失敗。

即使我們沒有說出那些話，光是有過這個念頭就足以讓它們成真。我們的內心想法不會永遠留在心裡，而會展現在我們的行為上，並影響我們走向成功或是自我破壞。讓妳內心的批評聲靜下來，讓妳心裡的聲音站在妳這邊。

很多年前我擔任 USA 電視網和科幻頻道總裁時，我必須從位於21 樓的辦公室，搭電梯到 52 樓的高階主管辦公樓層去和我老闆開月會。走進電梯時，我不會永遠都在最佳狀態，因為我不會一直有好消

息可以分享。（有時可能是新節目收視率不佳，或是收到評論家的負評；有時是某些演員的問題拖慢節目製作進度；有時是某個系列節目超支，或是沒有達成季度預算。）但我會在搭電梯的途中平復自己的緊張情緒，重新審視團隊自上次會議至今的成功和成就（因為女性要吹噓別人總是比吹噓自己容易），想辦法坦誠並樂觀地面對其他事情，再帶著自信與笑容走出電梯。

想法會影響我們的言語，而言語會影響我們的行為，行為則會影響我們成為什麼人。如果希望這世界對我們敞開，就必須先高度評價自己，並表現得像是我們值得擁有這一切。

記住：永遠都有證據

向所有隱士致歉，但在 21 世紀，沒有所謂隱私這種東西。至少妳在每次開口說話、提筆寫字，或者（尤其是）用手指敲鍵盤或手機螢幕時，都該想到這件事。我曾經看過事業毀了、情感關係斷了、生活顛覆了的例子，都只因為某人說了某些話，而另一個不該發現的人卻發現了。

我不在乎妳發誓妳已經鎖住 X（以前的 Twitter）的帳號，因為其他妳曾經以及未來要放上網路的東西，會跟網路一樣永遠存在。在咖啡廳進行的機密對話？以我製作過那麼多電視劇的經驗告訴妳，有 50 種以上的方式可以偷聽。妳只打算把那封抱怨老闆的信寄給另一個同事？太晚了，妳按了「全部回覆」。即使妳沒按，公司的伺服器

也有備份。

我太戲劇化了嗎？也許吧。但是現在一切都是可以被追蹤和發現的。如果妳覺得我們距離被抵制僅有一次失足、一次失言或一次錯誤之遙，也許依照以下法則過生活是個好主意：如果是妳不會在公眾場所說出來的事，也許也不該在私底下說，因為妳永遠都不知道誰會留著證據。

⤳ 結語

善用妳的聲音能帶來無限好處，但當我們措辭不當或是根本說錯話，會需要付出很高的代價。計算錯誤和溝通不當可能會讓我們失去寶貴的時間、千載難逢的機會、別人對我們的信任，以及成功所需的自信；可能會讓我們付出賠償、人脈和友誼；可能會讓我們以工作甚至感情關係作為代價。

別再空口說大話了，只要好好說話，就能看見金錢（和其他一切）隨之而來。

9. 好事降臨在願意等待的人身上／
更棒的事發生在採取行動的人身上

我們被告知：「好事降臨在願意等待的人身上」

就像寒冷冬夜裡的溫暖火光，這句話也能在我們需要時撫慰我們。在我們處境艱難，面對某些挑戰，看到身旁其他人都在繼續向前進，而我們卻擔心自己落後時，這句令人安心的話可以讓我們相信，只要我們安心放鬆，一切都會自行好轉。如果耐心是美德，我們就不需要太積極主動。如果好事降臨在願意等待的人身上，我們什麼都不做也是可以接受的。

誰不想相信生活就像一場桌遊，最終都有輪到自己的時候？

事實：「更棒的事發生在採取行動的人身上」

如果好事降臨在願意等待的人身上，那麼更棒的事則會降臨在不等待的人身上。沒有什麼可以阻止我們與其他人一起步履艱難地向前行，但如果想讓自己脫穎而出、走得更快、走得更遠，我們需要的不是耐心，而是 chutzpah。

Chutzpah 這個字源自希伯來文，沒有對應的英文字。它大致的意思是「極端自信」。我最喜歡的一個定義裡還加入一個重要的限定詞：「Chutzpah 是指讓人說出或做出可能會令別人震驚的事情的自信或勇

氣，讓人敢於（或缺乏自我約束）提出建議、發表意見、詢問某事、爭取某事、試圖讓某些事情發生或防止某些事情發生，而不是坐等事情發生。」

在某些圈子裡，chutzpah 會落入負面意涵，且通常帶有性別因素：chutzpah 大多是對男性特質的期待，是具有企圖心和創新精神的積極行動者的正向標誌。然而，當這個字與女性連結時，則往往變成帶有傲慢或攻擊意味的負面暗示。

就像「碳水化合物」、「膽固醇」和「瘋狂」一樣，chutzpah 也分成好的跟壞的兩種。我們想要好的 chutzpah，希望自己大膽無畏但不討人厭；勇敢但不傲慢無禮或厚臉皮；自我肯定但不自以為是；自信但不自大；令人印象深刻但不蠻橫；有精神但不粗魯；直接但永不失禮。我們希望自己的 chutzpah 能贏得所有人歡心，而不會令人卻步；我們希望自己的 chutzpah 能讓別人請我們喝酒，而不是讓人把酒往我們臉上潑。

好的 chutzpah（我稱之為 goodtzpah）是唯一值得擁有的 chutzpah。這無關乎覺得有資格擁有更好的，而是應該要努力去爭取。因此，對我們來說，goodtzpah 是唯一該追求的 chutzpah。

這個字在猶太傳統裡有其根源，可追溯至《舊約聖經》（Old Testament）的摩西（Moses）時期，當時 chutzpah 是值得讚揚與喝采的特質。通常信徒與非信徒會假設宗教要求純粹且毫無質疑地服從上帝，已故拉比哈羅德·舒偉斯（Harold Schulweis）則有不同解讀。他

說 chutzpah 其實是指願意持相反意見且固執己見的人，他們拒絕輕易接受直接下達的命令或主張，而去推動更理想的結果，這也是摩西成為偉大領袖的原因。當摩西認為某些事情不公平，或是有其他想法時，他會和上帝進行激烈的辯論，而摩西的 chutzpah 經常讓上帝改變方針。

所以，對 chutzpah 有些信仰是值得的，但 chutzpah 勝過任何個人信仰。無論稱之為膽量、勇氣或是信念，我們每個人都應該擁有一些這樣的特質，尤其是在職場上。等著輪到我們、安分守己、打安全牌、聽從指令和遵守規矩，雖然能讓我們避免陷入麻煩，但通常也不會讓我們前進。當我們刻意低下頭，就很難超越其他人；如果我們所做的事是讓自己和其他人一樣，就很難在人群裡脫穎而出。如果我們想要達成別人無法達到的目標，就必須做出與眾不同的事。那就是 chutzpah。

Chutzpah 讓我們有勇氣提出異議，而不是將意見深埋心底，因此可以事先預防問題發生；chutzpah 可以讓我們具備韌性，將拒絕視為邁向成功途中的休息站，繫好安全帶之後可以繼續前行；chutzpah 可以驅動某人在電梯裡對總裁分享想法，或是主動提出對新產品的回饋意見，進而獲得對方的尊重，甚至可能贏得晉升機會。這就是將每個入口都視為障礙的人，與那些知道即使是角落的辦公室門都有其打開原因的人之間的差別。Chutzpah 是一種智慧和勇氣，能讓人找到正確的門並敲響它；chutzpah 是以極適當的言語、音調和方式去說出或做

出其他人會避之不及的事。如果 chutzpah 能說服上帝，那麼它對我們的老闆、潛在客戶，或當天心情不好的客服代表應該也會有用。

在實際操作上，chutzpah 可能難以掌握分寸。對某些人來說，看似大膽的行為，對其他人來說可能只是混蛋而已；我們認為是挺身而出的舉動，別人可能認為是越界了；我們認為是膽識，別人可能認為是干涉。但只要以正確的心態和動機推動我們前進，並遵循正確的標準，就可以確保我們的 chutzpah 能展現出深思熟慮，而非輕率；結果導向，而非表面功夫；適當合理，而非毫無根據；努力得之，而非理所當然；受人感激，而非令人反感。如果我們全都做到了，那麼 chutzpah 就不僅是一個有用的東西，而是我們最珍貴的資產。

無論生活或工作，太多人都在等待一張也許永遠不會到來的許可書。不論是否在工作上，保持耐心通常也代表滿足，而滿足是一種惡習，並不是一種美德。如果只是靜靜地坐著，期待好事降臨，往往一事無成。

如果我們想要再走得更遠，就必須站起來，挺身而出（或大聲說出來），並且真的*加倍努力* *。我們得要有一些 chutzpah。

ᕲᕲ 我的視角

Chutzpah 通常被定義為特徵或人格特質，但對我來說，chutzpah

---

* 譯註：原文 go to extra mile（多走一哩路），英文常用片語，指為了達成目標付出額外的努力。

是一種行動、一種態度、一種每個人都能擁有的思維，也是能為其他一切事情定調的行為模式。

我起初是從我父親身上學到 chutzpah。他是一個安靜、率直、努力工作的烏克蘭移民，但他本身並沒有展現出 chutzpah 的特質。他擁有的是鋼鐵般的意志，堅信「做不到」這個詞根本不存在。他告訴我：「妳做不到某件事，唯一的原因就是妳還不夠努力。」他不會逾越界限，但也不會一味的墨守成規。我父親會低頭想辦法尋找解決方式，而我則會毫不猶豫地提出要求。許多人會將衝突與對話混為一談，但我從不這樣認為。大多數人會將「不」、「你不能」、「我無法」、「我很抱歉，但是」、「沒辦法」等詞語視為討論的結束，但對我來說，這些話卻是另一個對話的開始。至少，這不會造成什麼致命影響。從申請研究所，到最後進入波士頓公共電視台工作，chutzpah 推動著我的職涯，讓我勇於去做一些很多人根本想都沒想過的事情。

當我決定要去唸研究所時，面臨兩個重大問題：錯過申請期限，而且我沒有足夠的錢付學費。波士頓大學的招生辦公室說，我送出申請的時間太晚了，錄取通知已經都寄出了，他們也沒有辦法。他們請我隔年再申請，但我不想再等一年，所以我決定直接聯絡負責整個大學的人，也就是校長約翰・西爾伯（John Silber）。我在一張表格上找到他的電話號碼就直接打給他。令人意外的是，他接了我的電話，並說如果我能在半小時內趕到他辦公室的話，他能給我幾分鐘時間。考量我的情況，我以感謝他並尋求他的建議做為我們見面的開場白。

我坦誠地說明自己錯過申請期限，甚至解釋為什麼會提出如此突兀的請求。但在我明確說明自己的目的時，我並沒有讓西爾伯校長陷入困境。相反地，我提供幾個可能對學校和我來說都能接受的方案：如果有學生撤銷申請的話，就讓我遞補；先進其他系所之後再轉系；或是讓我在學年中入學。我同時也說明為什麼我要唸研究所，以及為什麼我只想在波士頓大學就學，包括大學時光對我來說有多麼重要。

不過，最重要的是，我非常謙卑，並沒有表現得像是可以理所當然占用西爾伯校長的時間，或是學校應該破例錄取我，甚至讓我進入我選擇的研究所科系。我知道沒有人欠我什麼，只有我欠自己一次嘗試的機會。西爾伯校長說，如果我可以在距離當時只剩 4 天的週五下午 4 點前把完整申請資料（包括成績單、推薦函和申請文件）交給他的話，他會考慮我的申請。我做到了他的要求，也順利錄取波士頓大學的媒體與新技術碩士班，並在學校找到半工半讀的機會來支付學費，而這一切，都是因為我有 chutzpah 去爭取，而不是乾等。

幾年後，在波士頓公共電視台工作期間，《無限工廠》結束當季拍攝時，我申請去擔任另一個兒童節目《Zoom》的製作助理。《Zoom》是針對已超過《芝麻街》（Sesame Street）目標年齡層的兒童所製作的節目，《Zoom》是幾十年來極具代表性的節目，它是一個由兒童主演的兒童節目，在那之前的大部分兒童節目都是由大人演出（例如深受喜愛的《羅傑斯先生的鄰居們》〔*Mister Rogers' Neighborhood*〕）。

我先參加了一次面試，接著是第二次面試，覺得一切進行地很順利。後來得知那個職位給了別人時，我有點失落，但也可以理解，直到我從小道消息聽說電視台一直都只打算僱用內部人員，像我這種外來者根本沒有任何機會。

　　僱用內部人員有其政治考量，需要依法律規定或至少公司規定去公開職缺、開放申請，諷刺地以「公平」之名去進行面試。顯然那就是事情的經過，但當時我並不知道這些事，只覺得整個過程既不公平也不專業，甚至有點侮辱人。所以，不顧幾乎身邊所有人的建議，我寫信給當時電視台的節目部主管亨利・貝克頓。

　　信裡大部分的內容都是充滿善意的，我再次感謝他給我面試該職位的機會，也提到我對《Zoom》有多麼印象深刻。然而，我仍忍不住在結尾時提問：如果節目和電視台已知道要僱用誰，為什麼要讓我參一角？我以實話作結：我對有機會加入《Zoom》非常興奮，這也是為什麼當我知道這個可能性從來就不存在時，會如此失望和灰心。

　　在波士頓的電視與公共廣播界，貝克頓是非常有影響力的人物。對他來說，我寫的那封信可能足以斷了我未來所有後路，讓我在這一行找任何工作時都變得比現在的困境更加艱難。當時我沒有收到任何回應，我想，我是自作自受。

　　但是在兩個月後，貝克頓突然打電話給我，提供另一個在《Zoom》擔任後製總監的工作機會，那是比我原本爭取但沒拿到的工作還要再高一點的職位。他說他很欣賞我的坦率以及寫那封信的勇

氣，更別提把它寄出的勇氣。他說那封信贏得他對我的尊重，他說，至少他現在知道我是個直言不諱、勇敢無懼的人，而這正是快節奏的電視業所需要的特質，所以他想給我一個機會。

任何擅長 chutzpah 藝術的人都知道，如果以正確的方式表達，妳幾乎可以對任何事情發表意見。妳不需要告訴別人他們想聽的話，只要以他們願意聽的方式去說就好：帶著尊重、幽默感和真誠。

1978 年，我還在波士頓公共電視台工作時，被指派去與節目製作之父之一的羅素·莫拉什（Russ Morash）短暫共事，他曾將茱莉亞·柴爾德（Julia Child）介紹給全世界。在我遇見他時，他已經是個傳奇人物。我的任務是協助他剪輯一個由《波士頓環球報》室內設計專欄作家演出的電視節目試播集。節目架構非常簡單：專欄作家導覽波士頓地區的豪宅，並與修復房子的屋主對談。

看著試播集的原始影片素材，那是在牛頓市一棟維多利亞風義式建築內部拍攝的影片，我覺得有點不對勁。環球報的作家當主持人沒什麼問題，但我告訴羅素，真正的明星應該是翻新房屋又帶著那位主持人參觀的大鬍子古巴裔屋主。他在螢幕上的表現令人驚豔，他才應該是節目的主角。

羅素沒有徵求我的意見（可能他自己也會得到同樣的結論），而且就大多數人的判斷，我大概也沒有資格提出意見。我當時 28 歲，進入試播集製作團隊只有幾個星期；到那時候為止，我製作節目的經驗也僅限於兒童觀眾。

是 chutzpah 促使我無論如何都要分享自己的觀點。這個魯莽的發言可能會讓我惹上麻煩，或者乾脆讓人笑掉大牙，但我尊敬且謙遜地表達我的看法，並聲明這僅是*我的*個人意見，不是什麼普世通用的真理，結果我的意見被認真地看待了。那個參觀房屋的試播集後來沒上映，反而發展成迄今仍在播映的居家改造系列《老房子》（*This Old House*），我則成為這個節目的助理製作。主持人是誰？正是那位維多利亞風義式建築的屋主鮑伯・維拉（Bob Vila）。

人們對 chutzpah 的誤解之一是認為表達不同觀點是禁忌，甚至是冒犯的，或者他們只是單純害怕衝突，認為立場不完全相容的對話可能會導致混亂。因此，尊重不同意見或僅是尊重發言的藝術都逐漸消失。不過，大多數人都會感激被推著去考慮一些他們從沒想過的事。當我們真的有事情要溝通，或是有真實的感受和理念時，保持沉默對任何人都沒有好處。

Chutzpah 能對我們提供多種助力。如果我們總是在等待機會降臨，或是等著別人在我們開口前詢問我們的意見，我們就會逐漸凋零。我們會覺得無力採取行動或表達意見，因為我們沒有感受過這樣做所帶來的改變……如此一來，未來就更不可能這樣做了。

隨著我的事業起飛，我從未失去我的 chutzpah。在我告訴羅素他選錯主持人的二十多年後，我和*那位*史蒂芬・史匹柏也有過類似的對話，這次是關於他為科幻頻道一部新迷妳影集選用的女主角。（讓我來告訴妳一個業界的小秘密：無論妳變得多麼重要，他永遠都會是*那*

位史蒂芬·史匹柏。）

不顧普遍認知和業內大量反對聲浪，我經營的電視台決定斥資 4
千萬美元製作一部限量 10 集的節目《天劫》，這是由那位罕見跨足
電視的電影界傳奇導演兼製作人構想的新作。在開拍前，我就因為堅
持劇本不夠好，需要再加強而激怒他，但相較於我看了第一集片段之
後說出的話：「外星人綁架系列中的女主角不夠出色」，開拍前說的
根本微不足道。在已經花了幾百萬美元拍攝之後說出這種話很大膽，
而將這些話對史匹柏說出來，嗯，這就是 chutzpah。

但我提出很充分的理由來說服他，他聽了之後，終於同意將女
主角換成我推薦的人選：10 歲的達科塔·芬妮（Dakota Fanning）。
時至今日，她仍是我合作過最驚豔的演員之一，她完成一場戲所需
的鏡頭數量比一般同劇組其他更年長、經驗更豐富的演員少很多，
並且表現得非常出色。憑藉她在《天劫》的精彩表演，科幻頻道連
續兩週登上有線電視收視冠軍，並且讓我們贏得第一座艾美獎。

我曾見證過 chutzpah 在我生活中發揮的作用及潛力，這可能也是
我對它如此著迷，以及我能把握機會與其他同樣行動積極的人共事的
原因。我不僅鼓勵我的團隊發聲，還會在腦力激盪會議、策劃會議和
協作文化中要求每個人都必須有所貢獻。我幾乎無法容忍那些光是等
待並看著別人採取行動的人，即使他們是最聰明的壁花也不例外。

我將 chutzpah 視為一種能力與渴望，可以在別人面對阻礙甚至想
要掉頭迴轉時仍找到前進的方法；可以在保持沉默可能比較輕鬆時仍

願意開口說話。這種無所畏懼和自信讓我成為團隊中的重要資產，也是我在建立每個團隊時最重視的特質。

Chutzpah 對我產生影響的時刻

道恩‧歐姆斯德（Dawn Olmstead）對我使用 chutzpah，並且贏了。當我剛開始成立環球內容製作公司（Universal Content Productions, UCP）這家有線電視節目製作公司，用以自製原創節目時，道恩已經是非常成功且資深的節目製作人，但她沒有製作公司的經驗，她以她的方式說服我僱用她。她的說辭是：「我不知道自己是不是想要這份工作，但我們可以先聊聊。」接著，她開始提出一些讓我好奇的問題，也讓我更想僱用她。她非常有種地說：「聽著，我們何不試試看呢？如果 18 個月後我沒成功，我就離開，絕對沒有問題。或者如果我決定不想繼續待在這裡，那我也有選擇離開的權利……但是我認為這可能是天作之合。」確實如此，她（和她具備的 chutzpah）留下來並成功地經營製作公司，最後成為 UCP 的總裁。

ᕫ 搞定它

並非所有人都天生帶有 chutzpah，但沒關係。這個特質是可以發展培養出來的，即使那些天生不帶這些特質的人也可以。如果中國哲學家老子說的「積言成行、積行成習、積習成性」是正確的（我相信是），那麼想要擁有更多 chutzpah 的第一步就是帶著更多 chutzpah 行動。雖然沒有太多學術文獻可以精準說明那是什麼樣子，但生活中有

很多地方可以讓妳借鑒（還有一種有趣的記憶方式供參考。）

　　所以……

把妳自己算進去　（Count Yourself In）*

　　太多人在生活中都遵守著一個自己也沒意識到的運作原則：一旦心中存疑，他們就會把自己排除在外；如果不確定自己是否能完成某事，他們就不會去爭取；不確定對方是否會答應時，他們就不會開口詢問；不確定他們的意見是否會被認可，他們就不會分享。

　　所以，要培養 chutzpah 第一步需要的是思維轉換：即使可能不會贏，也要把妳自己算進去。當妳注意到自己在退縮時，無論是為了看似好說話而故意迎合他人、粉飾妳的觀點或刪改妳的想法、或是不打算爭取自己迫切想要的東西時，問問自己為什麼。因為妳真的越界了嗎？還是只是害怕逾越界限，或不願意挺身而出，才將自己摒除在外？停止去想那些可能會失敗的理由，只要專注在如果成功了，妳的生活、事業，甚至是妳的日子都可能因此變得更好。看看每種情況好的那一面，並記住：最壞的狀況就是被拒絕，雖然聽起來很討厭，但那並不是世界末日。

---

* 譯註：作者在〈搞定它〉和〈結語〉這兩節，將所有子標題的英文首字母拼成 chutzpah 的首字母詩（acrostics），也就是前段結尾所提的有趣記憶方式。　.

表現謙虛 （Humble Yourself）

將 chutzpah 與傲慢自大連結在一起的人，對 chutzpah 有個根本的誤解。要讓 chutzpah 發揮作用，應該在我們所說的話或要求的*事情*中展現「極端自信」，而不是我們*如何*表達。對實習生來說，chutzpah 是能在電梯裡尊敬地向總裁分享對新產品的意見的勇氣，這並不是要求總裁在行程中安排時間，接著將妳的意見當成事實般大放厥詞。

Chutzpah 是當妳覺得自己值得時，就大膽提出提早晉升的要求（同時要準備好支持這個要求所需的證據和案例），這不是堅持妳比同儕優秀，公司若沒了妳就會垮。傲慢自大會毀了 chutzpah，而謙虛則會幫妳結交朋友並贏得粉絲。所以，表現謙虛。

謙遜的話語：如何使妳的 chutzpah 不帶傲慢感

- 「我在想是不是……」
- 「從些微不同的觀點來思考這件事……」
- 「有可能…？」或「是不是有可能……？」
- 「我確定這不是唯一的方法，妳是否考慮過……？」
- 「我也許不是最好的諮詢對象，但就我的經驗……」
- 「如果我說了不該說的話，請見諒……」
- 「妳是否願意考慮……？」
- 「我想問問也無妨……？」

善用妳的力量（來賦權）（Use Your Power〔to Empower〕）

Chutzpah 是無可匹敵的強大工具，但它同時也是一種柔軟的力量。有些人認為 chutzpah 是好戰的，但事實上，chutzpah 只有當妳試圖影響或說服他人，讓他們站在妳這一邊時才會有效：讓他們答應妳、認同妳，或是讓妳得到妳想要的。這無關乎透過羞辱、武力或威壓來擊倒任何人，而是透過個人魅力、吸引力、聰明才智和同理心來賦權他們幫助妳。所以，設身處地為他們想想：妳需要看到、聽到或瞭解什麼才會改變立場？什麼會讓妳改變想法？什麼能讓妳想去做那些妳要求或建議他們做的事？什麼會讓妳退縮？

妳的機會也許很渺茫，妳的要求可能過於大膽，但如果妳能瞭解對方重視的是什麼，將雙方的利益結合，讓他們覺得答應妳是件好事，妳的 chutzpah 依然能取得成果。

為團隊承擔責任（Take One for the Team）

即使態度謙遜又尊敬，chutzpah 可能還是會被認定為是利己的（如果不是自私的話）。然而，如果妳是為他人或團隊冒險，將 chutzpah 用來為其他人發聲，通常會更有效也更受尊敬。如果妳的部門過去一整年工時都很長，熬夜到很晚，週末也要加班，那麼妳就應該站出來為他們爭取獎金，即使那代表著要與主管進行一場不太愉快的對話去闡述妳的論點，並解釋為何那是團隊應得的。如果妳覺得某

位員工應該被晉升卻被忽略，那麼妳就當那個擁護他的人，為他爭取（尤其是妳自己對晉升有決定權的話）。如果妳的老闆持續對妳的同事發脾氣，妳就該挺身而出，問問發生什麼事了，讓老闆知道他們的行為對辦公室整體士氣造成的影響。為團隊承擔風險，妳為他人所展現的 chutzpah，最後可能會讓妳被視為團隊的領導者。

有疑問時就直接回答

Chutzpah 就像騎腳踏車，隨著時間推移，妳會愈做愈好，直到變成妳的直覺反應。但在那之前，妳可以將提問當成練習騎車時的輔助輪，在決定要不要說或做某些事情前，先問問自己以下問題。不要等待，直接回答：

- 誰會受益？只有我嗎？還是也能幫助其他人？
- 我這麼說或這麼做只是想得到功勞嗎？
- 我做出什麼貢獻？是附加價值嗎？如果我要否定某些事，能不能提出替代方案？
- 最壞的結果是什麼？

集中瞄準妳的目標 （Zero In on Your Goal）

如果說有 chutzpah 的人有什麼共通點，那就是他們都很直接。他們非常清楚自己所說、所要求和想要完成的事情。因此，在妳說或要求某些事情前，先確定妳是否已決定那是妳真正想要的……或想要完成什麼。妳大聲說出意見是想要改變什麼事嗎？妳是試圖防範未來發生什麼事嗎？妳是為了自己，還是為了別人或別的事才這麼做？哪一

個解決方案讓妳最滿意，哪一個是妳可以勉強接受的？妳是否已經準備好所需的細節？針對這個議題，妳是否找到正確的人對話？做好功課，集中瞄準目標。爽快、明確、做好準備，才不會因為準備不足而浪費時間說廢話。接著，也唯有如此，才能放膽去做。

提供備選方案　（Provide Backup Options）

要讓人答應最好的方式就是多給對方幾個選擇。這不是說無法確定妳想達成的目標或態度搖擺不定，記得，妳應該已經集中瞄準目標了。然而，我的意思是，如果妳提出的具體要求或方法行不通，妳應該自己先準備好其他可行的方式讓妳達成目標。假設妳的公司通常需要 4 年時間才能從助理晉升到總監，但如果妳認為自己值得提前晉升，那也別怕在工作兩三年時就提出要求，這就是 chutzpah。但一定要帶著備案，以免妳原本的要求被拒絕了。也許是加薪；也許是 6 個月後再檢視一次晉升資格；也許是其他可以讓妳證明自己的機會（例如另一個客戶、另一個專案、或是參與其他會議，讓妳有機會在其他部門前露臉）；也許甚至只是一份具體的晉升資格清單。

當人們覺得自己被逼入困境時，即使他們有能力，也會比較沒有意願幫忙。但如果妳提供其他選擇，顯得妳較有彈性，他們對妳提出的要求會更容易接受。

親自提出訴求（Appeal Personally）*

說到 chutzpah，這裡說的個人訴求有兩種含義，並各有其運作的方式。第一個很簡單：妳必須是個有魅力的人，而這取決於妳的內在和外在表現，包括妳和別人互動的方式、展現自己的方式，甚至是妳的穿衣風格。但要真正掌握 chutzpah，妳不止需要具備個人魅力，還需要親自*提出*訴求。也就是說，妳必須直接向妳想接觸或想說服的對象直接提出妳的訴求。

Chutzpah 沒有一體適用的方法，妳必須根據情況調整妳的說法和做法，盡力去瞭解和認識妳的受眾。至少，必須知道妳提出的要求會對他們造成什麼影響，從他們的觀點去看整體情勢，瞭解對他們會有什麼後果，或至少要知道他們面臨什麼風險。畢竟，如果妳能以一種讓對方覺得自己被看見、被聽見和受到尊重的方式提出要求，那麼要求預期之外的事或說出令人不舒服的話，都會比較容易被接受。如果妳能先找出對他們潛在利益的話，最後也更可能得到他們的支持。

⌒ 結語

快一點 （H is for HURRY UP）

生活不像我們最喜歡的串流影音節目，沒有暫停按鈕，也無法停止時間。即使我們停留在原地，時間還是會持續流逝。如果我們沒有做出決定，就會有人幫我們做出選擇；如果我們不採取行動，就會被

視為消極被動；如果我們沒有大聲說出口，我們的沉默仍傳達了許多訊息。這不代表我們應該衝動行事，做出我們可能會後悔的事，而是代表要盡一切努力確保不會浪費任何機會。

這就是 chutzpah。它在於明白好事會降臨在不等待的人身上；在於明白我們對時間唯一可以掌握的就是使用它的方式；在於明白如果我們希望某事發生，就不能再因為也許根本不存在的阻礙而慢慢拖行腳步，或是將這些阻礙當成藉口。接著，繼續前行，讓事情成真。

---

* 譯註：原文的 Appeal，同時具有訴願、懇求和吸引力的意思，在本段原文中同時使用 appeal 這個字的名詞、動詞、形容詞並搭配個人（Person）的名詞、形容詞、副詞，需視前後文解釋其義。

10. 唯一的出路是向上／ 成功有很多方向

我們被告知：「唯一的出路是向上」

這句話源自低谷，是我們在情況最糟糕的時候會聽見的話，也是我們鼓勵彼此，相信一切都會變好的信念。但在職場上，這句話則描繪出許多人對理想職業軌跡的普遍思維。這種思維是這樣的，要在工作上有進展和成長，我們就必須垂直向上發展。我們必須選擇一條路，而只要決定了，就必須堅持到底。我們常聽說，若不是這樣做的話就會分心，讓我們無法達到我們要攀登的山頂。

事實：「成功有很多方向」

雖然我們大多數人可能第一次看到「Z字型」都是在學開車時的路邊警告標示牌上，Z字型路線其實是規劃職涯的完美方式。

可惜的是，許多人都相信工作上唯一的前進方向就是向上。這也不意外。幾乎所有我們用來描述工作進展的詞彙都是垂直的：工作表現良好的時候，我們會得到加薪或升職；如果我們需要更多的訓練來把工作做好（或做得更好），我們稱之為提升技能；我們會詢問公司或業界是否有向上流動的機會。也許最重要的是，我們從小就相信，我們的職涯將（也應該）像階梯一樣：我們的人生從最底層開始，如

果依照計畫進行，我們會沿著垂直、線性的路徑前進，直到攀升至部門、公司，甚至是產業的頂端。我們爬升、攀登、向上移動。

因此，有抱負的專業人才在一步步爬升、一階階邁向成功的途中，對於增加工作職掌、資歷和薪資非常執著。我們找出專長後便緊抓住不放，希望能因為堅持到底而獲得回報。

以企業術語來說，這樣的軌跡與思維稱為*垂直成長*。

但這種職涯發展方式有一些真正的陷阱。如果我們花費整個職涯專注成長的角色有天被自動化取代了怎麼辦？如果我們奉獻整個職涯的公司突然破產或被併購了怎麼辦？如果我們整個職涯所耕耘的產業過時了怎麼辦？如果我們登上職涯階梯的頂端後卻發現自己並不喜歡，但又沒有任何其他可依靠的事物，該怎麼辦？

另一方面，水平成長則我們不太願意採用也經常抵制的職涯路徑，是較不傳統也不太受歡迎的方式，因為它不會帶給我們更有聲望的職稱或更高的薪水。反而會帶我們去到新的部門局處、新的公司，或甚至新的產業，且並未伴隨晉升或明顯的價值主張。

依大多數量化標準來看，水平成長通常不會讓人覺得在成長，尤其在發生的當下更是如此。雖然就我的經驗來說，側向的職涯移動也可以視為是一種脫穎而出。以正確的方式進行與執行時，水平成長可能會成為我所謂的*斜向成長*，讓我們能在職場上走得更快、更遠，並且比垂直向上的路徑更安全得多。

這是因為在職場上以 Z 字型路徑前進可以讓我們增加廣度，而不

僅是高度。目標不一定是要向上移動，至少不僅是向上移動，或者立即向上移動。目標應該是要獲得廣泛的經驗，學習多樣化的新技能，讓公司內外的各種人員（那些如果我們朝著頂端直線前進的話可能永遠不會遇到、認識、或向其學習的人）都能認識我們。

以 Z 字型前進，我們不是在爬階梯，而是在織事業網，這張網可以讓我們朝各個方向無限延伸，創造各種發展和前進的選擇。這不僅比原本的方式更令人興奮和有趣，也讓我們打開一個充滿各種可能性的世界，其中有些事情可能原本遙不可及。對了，Z 字型前進遠不像它看上去那樣間接和迂迴。

我相信職涯的開端應該始於把握機會弄清楚我們在生活裡喜歡和想做的事情，後來則應該重在拓展我們的可能性和盡情發揮我們的潛力。我們只能透過 Z 字型前進和交叉往來達成這個目標，而不是走在筆直的狹窄道路上。

雖然每個人看到的可能不一樣，但大致上來說，Z 字型路徑代表著保持通才（至少保持一段時間），避免太早找出特定位置。就如《跨能致勝》（*Range: Why Generalists Triumph in a Specialized World*）的作者大衛・艾波斯坦（David Epstein）所說，將我們的專業知識和經驗限制在單一領域或技能上，最後可能會形成阻礙成長的天花板，使我們無法進步。

那些很快就找到目標並開始朝目標邁進的專家看似具有優勢，但依照艾波斯坦的說法，這些人也會提早進入高原期，而通才型的人在

職涯中經歷過「採樣時期」，在這個過程中找到並持續精進他們的興趣與能力，則通常可以越過高原期。對其他可能性保持開放，得到各種準備、訓練和經驗，通才型的人具有其優勢。簡而言之，在職場上最有用的技能就是艾波斯坦書名上的「跨能」。

我們可以在 Z 字型前進的過程學到跨能。讓自己熟悉那些不在我們領域內的主題，學習不在我們工作職掌內的技術，尋找（或答應）目前職位上預期之外的職責，或是與興趣有關的其他職位。

有時候，那也許會讓我們完全離開目前的工作。令人悲哀且遺憾的事實是，女性要在公司內部晉升成為總裁的可能性低於男性。更常見的是，我們通常從外部進入一家公司時，反而更有機會成為領導者。因此，如果成為領導者是我們的目標，我們就要離開目前的位置，才有機會得到我們想要的位置。

即使我們的抱負不是成為總裁或最高管理階層，還是有幾個理由應該要離開舒適圈，不要留在原地。每個擅於 Z 字型前進的人都知道，我們的工作不應該僅以在某間公司工作年資有多長來判斷，而是應該取決於我們學到多少東西和完成多少事，以及還有多少要學習和要做到的事。如果剩下的空間不多，或很顯然其他地方有更多可以挑戰，和更多成就感與成長的潛力，就該離開了。如果開始覺得無聊，我們就會變得停滯不前；如果只是在得過且過，我們就無法保持敏銳。無動於衷和冷漠的態度不會被忽視，至少不會被忽視太久。

從一個職位、一家公司，甚至一個產業跳到另一個，可能感覺有

點冒險。但就多方面來看，Z 字型前進是當代職涯規劃的方式。隨著科技光速發展，各種行業的興衰就在彈指間，需要花多年時間訓練才能勝任的工作可能會消失或轉換成完全不同的型態，要生存下來並讓自己重要且有價值的方式，就是要 Z 字型前進，也就是拓寬我們的選項、追求所有可能性，並對可能改變終點抱持開放的態度，這些都會讓我們的職涯旅程更加美好。

職場世界總是不斷變化，而近來變化的速度又更快了。要跟上步調的方法就是提前準備好，讓自己擁有多種技能、興趣和專業領域。

這樣一來，我們就不會把所有雞蛋都放在同個籃子裡，也可以讓我們的保護殼更加堅硬，在掉落、爆裂或面對其他外在壓力時，不會那麼容易受傷害。

當然，我們的目標可以是登上職涯階梯的頂端或其他象徵性的企業山頂。有目標是很棒的！也許我們最後能登上山頂，也許我們最後去了另一座完全不同的山，但我們不需要直線向上攀爬。無論終點在哪裡，我們都可以也應該要 Z 字型前進抵達。

ᘯ 我的視角

即使我認定電視業是我的熱情與使命所在，我的職業軌道也並非一路向上，既不明確也無法事先預定。然而，那大多是因為我踏入有線電視業時它才剛開始發展，那時一切就像拓荒時代的狂野西部，我

們是拓荒者先驅和牛仔，沒有真正要堅持的規則或可以追求的行為典範，當然也沒有可以追隨的清晰路徑。因此，我的職涯就被標示上一連串的急轉彎，這些急轉彎支配了一切，從我居住的地點、我的工作內容、我的職務到我的同事和老闆，而這一切成就出現在的我。

當我被聘為 USA 電視網的原創節目副總裁時，我已經歷過 5 家不同公司，做過將近 15 個職務。千禧世代和 Z 世代會因為轉換不同職務而有不佳的名聲，我卻與他們同一陣線。我在職涯上數度急轉彎，甚至自以為要在 USA 電視網安定下來時，我的職涯旅程卻仍不是垂直向上並依階層發展。對大數人來說，甚至顯得有些荒謬。

有時是出於自願，有時是出於壓力，我接下一些別人可能會認為是降職或至少是繞遠路的職務或職責，同意試著復甦 WWE 摔角就是其中之一，決定去營運科幻頻道則是其二。

1992 年，也就是我加入 USA 電視網 3 年後，電視網推出科幻頻道，它算是 USA 電視網的小妹妹，用以播放一些稀奇古怪以及科幻類型的電影和影集。（就如我前文所說，這是用以集結那些「超出我們所認知的一切都是真的」的頻道。）在我們小小的頻道「家族」，USA 電視網最有名，這一點意義重大。因為在電視史的大多數時間裡，有線電視被視為是聯播網的「繼子女」，較不正統、非主流、觀眾少得多。相較之下，USA 電視網的聲名就顯得突出。

因此，在科幻頻道推出的幾年後，我擔任 USA 電視網的原創節目副總裁時得到一個選擇機會：離開 USA 電視網去帶領剛起步的科

幻頻道，或是留在 USA 電視網這個較正統的機會。我的決定應該非常顯而易見：留在能得到更多尊重與觀眾，也能賺更多錢的 USA 電視網，無論從內外部觀察，看起來都會有更多成長的機會（或至少有一條更明確的路可以邁向輕鬆的管理高層）。USA 電視網就是觀眾和金錢的所在。然而，我選擇說掰掰。

我很幸運，自己是個充滿好奇心的人，對未來的路也沒有明確的終點，我只是相信，相較於追隨某人的領導，帶領團隊能讓我學到更多、成長更快，並開拓更多的可能性。在科幻頻道，我將負責打造成功的電視網所需的所有大小事務：行銷、品牌、媒體、時程、預算、廣告、聯盟業務 *……等，當然還有頻道的內容本身。

既然科幻頻道本就已經屈居劣勢被低估，我知道我和團隊可以在不引人注意的情形下自由地進行各種試驗。如果失敗了，不會有人怪我們，反正科幻頻道還沒有什麼成功經驗，而僅成立 6 年時間，也沒有什麼歷史包袱會受到影響。但如果我們成功了，我們可能就會得到認可。此外，我已經掌握 USA 電視網的運作規則，在有機會可以嘗試其他我沒做過的事情時，我不認為自己需要繼續做一些我確定自己能勝任的工作。

我不擔心自己是在放棄已經開始攀登的職涯階梯。事實上，加入

---

* 譯註：電視業中的聯盟業務（affiliate sales）通常指的是與聯播網（Network）相關的聯屬台（affiliate stations）的銷售業務。通常聯播網會與當地的聯屬台合作，由聯屬台播出聯播網的節目，聯屬台則由廣告獲得收入，並與聯播網分潤。

科幻頻道反而是將我的腳步能同時站在兩個階梯上，有機會達成更多目標。

實際上也是如此。事後回想，我甚至在職涯上橫跨一步。6 年後，我們讓科幻頻道的觀眾數量成長一倍，而這項成功也讓我坐上 USA 電視網總裁的位置。基本上，我已經抵達我並不專注攀爬的職涯階梯頂端。事實上，能登上頂端可能是因為我對自己的選擇並不擔心，因為我不會讓職涯階梯的考量來左右我的行動。

Z 字型前進讓我直接得到一些很棒的工作。然而，我認為它對我的職涯來說更重要的意義在於它如何對我的成功*間接*產生貢獻，在我 Z 字型前進的過程中所學到的一切，讓我在之後都能用得上。

在我加入 USA 電視網 35 年後，公司已經歷過 7 次巨大的企業併購，我身處或帶領的部門與電視台也因此經歷了 7 次經營層變動。若要細說這些劇變的細節，基本上就幾乎是在描述整個電視史。從某個時刻開始，USA 電視網依序分別曾歸屬於派拉蒙（Paramount）、MCA*、時代公司（Time Inc.）、維亞康姆（Viacom）、西格（對，就是酒商西格）、我的朋友與導師巴瑞·迪勒、法國媒體公司威望迪（Vivendi）、奇異（對，賣家電的奇異）、以及現在的有線電視集團康卡斯特（Comcast）。

---

* 譯註：美國媒體集團，1924 年成立時名為美國音樂公司（Music Corporation of America, Inc.），1958 年正式註冊成立為 MCA Inc.，並於 1996 年被西格集團（Seagram）收購後更名為環球影業（Universal Studios, Inc.）。

那幾十年是非常混亂複雜的年代，尤其是對身處業內，直接感受的我們來說更是如此。對許多人來說，這個不穩定性不僅令人不安，更是難以掌控。每當我們適應了，事情又有變化。新的老闆接管，帶入新的領導風格，必須學習新的管理原則。每個體制都會有不同的優先順序，不同的價值標準，甚至對「商務休閒（business casual）」都有不同的定義。如果妳對自己的職涯規劃和想達成的目標非常明確，很可能一次又一次地感到無比失望。看似成熟且具有無限潛力的路徑在一夜間變成死路一條，其他看似在風雨中無用地繞行反而成為主要職位的捷徑。根本難以確定。

但如果妳願意擁抱混亂，不管那些末世論者，逕自去那些需要妳的地方，並讓妳自己在那裡發揮作用，就會有無限的可能。

那就是 Z 字型前進為我做好的準備。它讓我學會如何在沒有意識到的狀態下感到舒適，因為我一直都必須在每個新工作學習新的技能。它也讓我學會如何隨著重心的不同而調整自己，使用既有的技能去引領新的冒險旅程。穿過走廊去取得工作，而不是搭乘直達電梯，無論在字面上或比喻上的意義，我都是與原訂領域以外的各種人一起工作、交朋友、合作及社交。

老天，我根本沒有限定哪個領域。

我常說我能挺過這些混亂和許多不同的老闆，是因為我知道如何察言觀色，也就是理解特定文化、決定自己能貢獻什麼、很快地學會自己需要做的事、弄清楚團體動力＊、盡可能認識愈多人愈好，並證

明自己是有團隊精神的人。而我能如此擅於察言觀色則只是出於一個非常簡單的原因：我經歷過太多了。

這是我認為要獲得成功的秘訣。對我來說，在別人都傾向留在原地時，我一開始就願意打開另一間房間的門走進去，也或許是別人都只看到一道牆的時候，我能看到門這件事本身就是我自己的訣竅，無論是哪一種情形，職涯早期持續讓自己尋找或將自己置於各種不同與意料之外的情境中，我學會如何幾乎在各種背景和來龍去脈下，都能有效地推銷自己。自在地與各種不適的環境共處，以及讓外來元素變得熟悉成為我運作的標準模式，所以當我被迫去面對一場*非*我所選的劇變時，就可以依直覺本能去應對。

此外，這也很刺激。與其將自己視為改變下的受害者，我認為自己非常幸運可以經歷這些劇變，並問自己還有什麼可能性。我一直問自己要如何利用這些機會，尤其是與我原本的路徑分歧或是要擴展我的職掌時。

這就是我如何在這個產業 Z 字型前進，從電視的創意面到營運業務面，再到許多同時監管這兩個面向的職位。我通常被聘用來擔任一些原本並不存在的職位，逐漸形成我會接受這類機會的名聲，而這也開啟了一些新的門。當我身邊大多數人都將目標鎖定在山頂上，我則

---

* 譯註：團體動力（group dynamics）是指團體成員間互動時所產生的力量。因為這個力量能讓團體的運作可以啟動並持續下去，且能影響個別成員和整個團體的行為，被視為一門專業性的科學，主要在研究共同工作時會出現的各種心理學和社會學現象、機制和過程。

像是在上障礙滑雪課一樣地推進我的旅程，繞過障礙，輪到我上場時便加快速度，在大人物之間來回（並對談），同時試著欣賞沿路經過的風景。

真正偉大的職涯都是 Z 字型或十字交叉的，會側向行走或倒置翻轉，甚至會停下來加油再重新評估。但如果我們可以放棄一個固定的終點，就可以走得更遠，也能享受更多樂趣。

✍ 搞定它

相信職涯中唯一的出路是向上，或是任何職涯異動若不是讓我們在企業階梯垂直向上一階就不值得做，是錯誤的觀念。幾乎永遠都有其他的路可走，有時甚至是更好的路。通常，有很多其他的路。所以，與其嚴格地致力於爬升到預定的目標，我們應該調整自己的態度，考慮其他方向，擴大我們對成長與成功的定義。如果我們都這樣做的話，我們的極限將不只是階梯的頂端，而是直達天際。

所以……

首先，低頭看

在做任何重大決定前，無論是私人、工作、或是前後左右上方哪個方向，妳都應該要先提高妳的基礎。這表示要先往下看，弄清楚支撐妳的原則、價值觀和優先順序。遠在我擁有具體的職涯目標前，我就知道自己想要的是：擁有事業而非一時的工作、早上起床後可以享

受一天的生活，而不是覺得自己只是在勉強度日、不要太常出差、在鼓勵團隊合作與成長的公司文化和環境中工作、身邊環繞許多人，以及不管妳信不信，在我職涯剛開始時，能帶著我的狗到辦公室或拍攝現場去。（我甚至在剛開始時成功了，直到總裁踩到另一隻狗的狗屎，所有的狗都被禁止了。）當我考慮任何工作或職涯異動時，我不會向上看或測量它能不能讓我到那個神秘的階梯頂端，我反而會向「下」看看自己的立基，並以此衡量選擇。

看看安迪・科恩 （Andy Cohen） 發生了什麼事

許多人認識受歡迎、有趣、機智的安迪・科恩，都是因為他主持了精彩電視台（Bravo）《一起觀看現場直播》（Watch What Happens Live）節目，以及他在許多實境節目復合爭論中處變不驚的調停角色。（妳可能也認得他是 CNN 在紐約時代廣告跨年節目的主持人之一。）在電視上，安迪是理智與幽默的代言人。然而，許多人都不知道，安迪的職涯並非始於這些明亮的燈光和鏡頭，而是幕後的製作人和開發主管。他在精彩電視台的 10 年間推出許多劇本類及非劇本類的節目，包括他現在參與的實境系列節目。他的職涯也是 Z 字型前進。

如果妳根據自己的原則、價值觀和優先順序去分析那些機會，並願意考慮每個符合這個標準的工作和職位優勢，妳就能為妳的職涯可能性建立基礎，包括未來異動和發展的潛力。最棒的是，妳將可以打破原本職涯的天花板。

延展自己（和妳的任務）

　　最簡單的斜線成長發生在，我們透過從事與原本工作不同的事情來提升自己或改善前景時。在美國企業中，「延展型任務（stretch assignment）」是指給予員工原本不在工作職掌內的其他工作任務，用以拓展他們的職權範圍、增加工作技能，並激發他們尚未開發的潛力。這是在不離開現有工作就能成長的方法。

　　就很多方面來說，我花在 WWE 那些雄壯威武男女的工作時間，就是一種延展型任務。這段經歷確實增加我的工作技能，但並沒有增加我的薪水。我第一次參與電視節目剪輯也是同樣的情形，我那時在波士頓的兒童節目工作，卻因為我們的拍攝進度落後，而被派到洛杉磯去代替我老闆的工作。那次經驗最後為我帶來第一份後製總監的工作，後來又讓我接到其他製作人的工作。一次又一次地，這些延展型任務轉換成我的職涯軌道，並對我的事業灌注了強大動力。

　　所以，如果妳想提升自己的事業，就應該主動去找延展型任務。也許只是短期的約聘工作、暫時的任務、額外的專案，或是對資淺員工的指導或管理機會。通常，這些事會被認為是讓妳離開舒適圈的冒險，但如果妳對這些機會抱持開放的態度，並正確地完成，就能提升妳的適應力，並拓展未來的機會。而且這些經驗可能也很有趣。

依規模進行調整

　　和各階層的員工談話時，我發現兩個看似相反，實為一體兩面的

問題,並針對這兩個問題提供看似相反,但實際上基於同一理念的解決方案做為回應。第一個問題是,在小型組織裡工作的人有時會覺得他們工作發展已達到極限,他們已經不再學習、不再認識新的人,沒有橫向發展或向上晉升的機會,感覺自己無路可走。第二個問題是,在較大型組織裡工作的人,有時候會覺得迷失或淹沒在茫茫同儕人海裡,因為競爭激烈且員工數量龐大,無法得到他們想要的曝光機會。對於這兩個問題,我的解答都是同一個:依規模進行調整。

即使是看似同樣職掌也同樣薪資的職位,如果從小型組織換到大型組織,可能都會是一種晉升,因為任何工作在較大的組織裡幾乎都可預設為較複雜,需要認識更多人,也會讓妳有機會得到新的機會。同時,如果是從大的組織換到較小的組織也可能讓妳的職涯得以躍進,可以讓妳接觸到更多機會(因為競爭比較少),讓妳有更多自主權(因為組織層級較少),也能讓妳得到更多認同(因為在小的群體裡比較容易被看見,而有時候要變成前輩只需要多被看見而已)。

無論哪種情況，職涯異動並不是單行道。如果妳從一家公司轉彎離開，還是可以再轉彎回來的。獲得新的經歷後，妳可能在回任時得到比妳一直待在原本的公司還要高的職位。看我在離開 USA 電視網去科幻頻道後又回來帶領整個 USA 電視網就知道了。

注意：忠誠很好，但有時也不見得

忠誠是必要且美好的特質，但如果妳將忠貞許諾給任何公司或老闆，並將妳在那裡的線性成長視為最佳軌道，那妳就是在冒險並且犯了錯。我以一個過來人的身分說出這句話，回想起來，我也曾經犯過這樣的錯誤。

我不是最好的 Z 字型前進者。即使我多次跳動搖晃著前進，我還是對這個產業忠貞不二，且大多時間都是在這個巨大產業裡的一間公司裡工作。我和大多數的女性一樣，都應該要對自己更忠誠。相較於同儕男性，儘管我們女性較不易辭職，女性仍然較難得到晉升機會。事實上，男性得到晉升與獎酬通常只是*因為*他們在覺得自己不受重視時敢於離開。女性也應該這麼做。

當我覺得自己被老闆欺負或錯過一個我認為應得的晉升機會時，我還是選擇堅持到底，作為一個忠誠的士兵。妳可以說正是因為如此才讓我得到現在的成就，大多數時候我也這麼認為。幸運的是，儘管並非出於我自己的要求，但我的公司經歷了 7 次經營權與企業文化變動，這樣的組織規模為我的職涯路徑帶來一些 Z 字型前進的機會。

然而，如果當時我願意前往其他有機會的地方，並願意在 Z 字型前進的過程中轉更多彎，誰知道我今天會走到哪裡？

保持彈性

說到職涯旅程，大多數人其實都比自己以為的還要頑固僵化。但是當我們的生活或職涯遇到挫折時，無論事件大小、無論是否在我們的掌控中，無論僅影響我們自己或影響整群人，僵化反而可能會使我們崩潰。那麼，要讓自己取得成功，就必須要保持彈性。

說來容易做來難。我們無法一夜之間完全改變自己的做法，但有個捷徑可以在動盪時期保持彈性並防止崩潰（或犯下職涯中的巨大錯誤）：耐心。當動亂來臨時，在急著甩上門或從後門偷偷溜走前多等一下。妳應該花時間去瞭解發生什麼事，弄清楚是誰在主導局勢，與相同處境的人（或是曾經歷過類似情況的人）聊一聊，追蹤消息，找出事實。也許妳的懷疑有道理，若是這樣，妳在做決定前多花的兩週時間，從長遠來看並不算什麼。但也許這一切百利而無一害，若是這樣的話，在面對動亂時所具備的耐心，最終可能會拯救妳的事業。

在改變環境前先改變妳的觀念

有時候，沒有成就感的工作確實應該要辭掉，也應該要離開不穩定的公司。如果妳的處境是這樣，起身離開吧。但有時候，我們需要改變的不是我們的工作環境，而是我們的觀念。這不是指說要在沒有

希望的情境下看光明面，而是指要去做基本的盡職調查，並尋找可以開始的光明面。如果妳覺得某個職務和妳想做的事情毫無關係，試著看看是否能重新架構妳的經歷，讓妳從其他追求相同路徑的人之中脫穎而出。也許妳已經學到可以轉換的工作技能，未來可以派上用場，也許妳已經建立未來能幫妳一把的人脈。

問問自己，妳的觀念是否因別人的意見而模糊不清。做出覺得冒險的決定或是依直覺去接受（離開）一個工作沒有問題，但如果職涯異動是在妳的直覺已受到其他人的負面消極影響之後做出的決定，妳很可能會後悔。再重申一次，妳必須瞭解自己的價值。

⌒ 結語

瑜伽成為我日常生活的一部分已有很長一段時間，而在瑜伽中，要保持平衡的秘訣很簡單，向上看或向下看來讓自己適應狀態，但視線應該永遠保持水平。妳可以看清楚眼前的事物，不僅是妳想看的，或是妳希望避開的，而是所有的一切。

要成就偉大的事業也是如此。如果妳只是盲目地跟隨既定路徑，如果妳一直往上看而不向前或四處看看，那麼妳很可能會跌倒或失敗。但如果妳讓雙眼（和妳自己）對水平線上的一切保持開放，妳就會知道通往目標並不只有一條路。

就像我的瑜伽老師維琪經常說的：「專注看著前進的方向，妳就能抵達。」

第三部

挺身而出

如何在各階段展現領導力

∘ 再次確認妳的直覺

∘ 重視細節

∘ 學習如何（以及為何）失去

∘ 在工作與玩樂間取得平衡

∘ 在為時未晚前先解決問題

11. 相信直覺／
確認直覺

我們被告知：「相信直覺」

相信困難的問題都有簡單的答案是件令人感到安心的事，若是這些簡單的答案就藏在我們內心深處，就更令人安心了。難怪人們喜歡把直覺稱為第二大腦或第六感，也難怪會再三提醒我們要依賴直覺。在這個過度思考與過度分析的時代，相信直覺似乎是有效的反擊，承認我們有時會對某些人、某些地方、某些想法產生難以解釋的吸引力，可以幫助我們排除雜音，做出決定。

事實：「確認直覺」

妳內心深處的不安？它可不是門薩學會（Mensa）*會員，相信它並非永遠都是明智之舉。

對認識我的人來說，這些話聽起來可能有點離經叛道，畢竟，我的事業一直在宣揚跟隨直覺的美德。對家人、朋友，尤其是同事來說，我提出「你的直覺告訴你該怎麼做？」這個問題的次數已多到難以計

---

* 譯註：門薩學會（Mensa）是在 1946 年由律師 Roland Berrill 與科學家兼律師 Dr. Lancelot Ware 兩人於英國成立，旨在創建無政治立場、不分種族與宗教的社會團體，凡擁有智商居於世界前 2%，無論職業與身分皆可入會，目前全球有超過 14 萬名會員，分布於上百個國家。

算。我也讀過和聽過無數書籍與有聲書，都與直覺在領導統御的重要性有關。

然而，隨著看見人們在工作與個人生活中失足犯錯，卻歸咎於直覺或本能反應，我必須澄清，直覺確實是決策時需要考量的一個真實且重要因素，但僅憑直覺並不可靠。

我所謂的真實是指什麼？讓我們搖擺不定的感官知覺並不理性。噁心反胃、肌肉緊繃、胸口悶、雙手汗濕、心跳加快，這些生理反應會讓我們對正確與錯誤感到更加確定，但這些並非出於我們的大腦，而通常來自我們的腸道*。腸道被視為第二大腦或潛意識是有原因的：腸道是人體除了大腦以外，唯一一個具有神經系統的器官，可以獨立行動並影響我們的行為。它確實有自己的意識，並能控制人體 95％ 的血清素及 50％ 的多巴胺。所以，當我們有種揮之不去卻又無法解釋的感覺時，很可能與身體裡五億個神經元正在作用有關。當焦慮感或平靜感同時具有生理與心理兩個層面時，那是因為這兩者確實息息相關。

這些讓我們的腸道成為非常聰明的器官。然而，出於兩個重要原因，它們也非常容易出錯。

第一個原因很簡單：我們的直覺是出於我們的腸道。它在我們身

---

* 譯註：本章原文的直覺（gut）除了有勇氣之意，在醫學上為腸道的統稱。

體裡觸發的反應是基於*我們*的生活經驗、*我們*的先入為主假設，和*我們*的偏見，尤其是那些我們沒意識到的潛在偏見。因此，若是僅跟隨直覺，會讓我們低估他人的觀點，而這通常會讓我們置於險境。在職場上，這會成為我們的盲點。即使有人提出其他顧慮，我們可能會在沒有充分考慮，將會冒犯某些特定族群的情況下，仍然核准一波廣告宣傳活動；或者，我們可能會以過去成功的業務開發策略，急於迅速發展，而沒有投入充分的時間去瞭解可能更有效的新策略。

第二個原因是直覺可能會讓我們失敗：它不僅讓我們和自身觀點帶有偏見，同時也會對過去與現在有偏見，進而影響對未來的看法。我們常聽到，改變和成長令人不適，我們的直覺就是這種不適感的主要來源之一。人類是習慣的動物，這也就是為什麼我們直覺上會下意識地保存過去的結論和解決方法來維持現狀，而不是打破現狀。自我意識會推動著我們去嘗試新事物，無論是品嚐新食物、搬到新城市、開始新工作，或是開啟一段新戀情。十之八九，我們的直覺會讓自己選擇留在熟悉的狀態。

直覺可以提供我們對某個特定時刻的清晰快照，但並沒有長遠的視角，這代表它並不適合用以考慮我們對未來的感受。如果我們對工作不滿意，直覺可能會讓我們衝進老闆辦公室直接提離職；如果我們在派對上認識了某個迷人的對象，我們可能會因為強烈的心動，誤以為自己與這個陌生人的連結比待在家裡等我們的另一半更深；如果我們根據直覺去採取行動，或做出有長期影響的決定，結果可能是場災

難，傷害也將難以挽回。

事實上，同時考慮直覺*和*其他所有我們已知的資訊，才能做出最佳決策。甚至有研究顯示，直覺結合分析性思考時，能做出更好、更快、更精準的決策，並讓我們對自己做出的決策更有信心。

這不是二擇一，而是兩者並存。我們需要在直覺本能與直覺確認之間取得平衡，畢竟，腸道確實我們的第二大腦。有時候，我們會有種揮之不去的感覺；有時候，我們的身體會在大腦還沒反應過來之前先做出反應。我們不能忘了同時也要使用自己原本的大腦。腸道確實是第六感，但我們不能忘記其他五種感官。

✑ 我的視角

2011 年時，《好萊塢報導》（*Hollywood Reporter*）曾說我擁有「做生意的超強直覺」，隔年，那個直覺回過頭來困擾並嘲笑我。我得到慘痛的教訓才學會，沒有人的直覺是不出錯的，尤其是我的直覺。

一如我生命裡其他重大的故事，這個經歷也與一個電視節目有關，但如果妳從沒聽過《政壇野獸》（*Political Animals*）……呃，這就是我的重點。

依大多數標準來看，這個節目應該會爆紅。它在 2012 年 7 月於 USA 電視網首映，理所當然地有非常多精心策劃的宣傳造勢活動。這個節目由三度獲奧斯卡提名的雪歌妮·薇佛（Sigourney Weaver）領

衛演出，飾演一位在總統選舉失利後轉任國務卿，但仍對未來總統競選野心勃勃的前第一夫人。（妳可以猜猜看這個角色是受到哪位真實政治人物啟發。）她有強大的配角陣容支援，其中包括贏得「表演獎大滿貫」（奧斯卡金、艾美獎、東尼獎）15位女演員之一的艾倫・鮑絲汀（Ellen Burstyn）。

另外還有一些幕後原因讓我堅信《政壇野獸》能大獲成功。節目是由知名編劇葛瑞格・貝蘭提（Greg Berlanti）創作，搭配訓練有素的編劇、導演等完整工作團隊。節目預算雖然很高，但展現出絕佳的製作品質，包括場景、服裝、燈光等都非常出色。然而，在僅播出6集之後，《政壇野獸》就以USA電視網15年來最低收視率黯然退場，從螢幕與眾人的視線中消失。

哪裡出錯了？後來回想，雖然導致這個節目失敗的因素有很多，但總結下來都出於同一點：我和團隊不僅相信我們的直覺，還把直覺當成結論。我們深信《政壇野獸》會大受歡迎，就懶得去做功課了。

就像馬術表演中的馬匹，電視節目也需要在得到許可，面試前也要經過層層考驗。一般來說，在節目開始製作之前，電視台會先進行研究、確認演員的Q分數（這一行用以衡量人員受歡迎程度的標準），並考量觀眾對節目背景和主題的看法。如果節目通過了上述幾項條件，電視台才會核准拍攝試播集。試播集完成後，所有的流程會再重來一次，這次將會透過焦點團體＊收集各方面的回饋意見，包括節目名稱、角色、台詞，到幽默與粗俗字詞的使用，提供更多觀點做為參

考。唯有試播集通過後，才會讓後續整季節目進行拍攝。甚至在各階段之後，研究結果仍會影響節目的行銷宣傳，並協助決策上映時間。

這些過程在《政壇野獸》完全沒有發生。我們不僅放棄業界測試電視節目的標準流程，也放棄我們自己開發新節目的流程。在 USA 電視網，我們接連推出空前的熱門節目且極少失誤，正是因為我們採用自己的防護措施來對抗好萊塢流行的「黃金直覺」決策方式。無論我們有多麼喜歡某個角色或某個節目劇本，我的團隊都會仔細考慮並盡可能地客觀投票。我們利用圖表、計分板和確認清單來幫助我們跳脫個人感覺，盡可能精確地預測觀眾反應。

然而，我們對《政壇野獸》太過自信，以致於在製作過程中完全跳過這些流程。沒有製作試播集就直接拍攝 6 集的限定影集。沒有進行任何研究，甚至不願考慮某些 USA 電視網觀眾和其他 USA 電視網節目中得到的重要見解與資料，也無視那些明確告訴我們應該踩煞車的各種勸告，執意相信這個節目會在電視爆紅。

畢竟，我知道什麼是好節目，我的團隊也知道什麼是好節目。《政壇野獸》有雪歌妮・薇佛和艾倫・鮑絲汀、有吸引人的劇情和機智的對白、還有有趣生動的古今對比，這就是好節目，甚至許多評論家也同意。但是觀眾完全不認同。

當《政壇野獸》慘遭滑鐵盧時，我和我的團隊都嚇傻了。我寄給

---

* 譯註：焦點團體（Focus Group）是一種研究與市場調查的方法。透過訪談特定群體，取得該群體針對某一產品、服務、概念、設計、廣告的觀點和評價。

老闆史帝夫的信上說，收視率「低得驚人」，形容工作團隊的反應是「完全嚇呆了」。後來回想，我們實在不該如此震驚。事後檢討時，才發現那些早該讓我們停下來的各種警示訊號一直存在，試圖在節目取得核可前阻止我們繼續推進，或至少讓我們改變方向。

首先，這個節目對於 USA 電視網的觀眾來說太陰暗了，觀眾習慣我們品牌定位中招牌的「藍天」節目，那些通常在戶外陽光下拍攝，讓人心情更爽朗、輕鬆愉快、帶有逃避現實意味的情節喜劇 *。《政壇野獸》中的婚姻問題、性別困境、藥物、欺騙和死亡等元素或許會出現在電視網的其他節目，但這個節目完全沒有其他節目用以平衡上述主題的幽默元素。雖然我們精準預測到電視觀眾會偏好更刺激的內容，卻錯估了我們的觀眾願意接受這類主題的速度與方式。

其次是這部影集的主題：意志力堅強、獨立思考的女性民主黨政治人物。當時，USA 電視網基本上是「紅州 * 電視台」，通常紅州的觀眾會偏好較傳統的節目，而傳統的電視節目通常是指以男性為中心。即使我們的觀眾要與某位女性主角產生共鳴，大概也不會是我們選擇呈現的這個人物。我們雖然從沒有對主角的支持度做民調測試，但針對我們的角色原型已有許多民調結果，情況都不太理想。

---

* 譯註：情節喜劇（dramedy 或 comedy-drama），是一種結合戲劇（drama）和喜劇（comedy）的劇種類型。這類作品通常包含戲劇的嚴肅主題和情感深度，同時使用喜劇的幽默感和輕鬆情境來緩解氣氛，讓觀眾在嚴肅主題與幽默情節與對話間取得平衡。

* 譯註：美國新聞在談選情及政治時，會將各州分為紅州、藍州和搖擺州。紅州指傾向支持共和黨；藍州傾向支持民主黨；搖擺州則是沒有特定候選人或政黨取得壓倒性支持。

節目主題也應該讓我們有所警覺。全國民眾對於政治議題已日益反感，從兩黨當選者的支持率都創新低就能看得出來。即使在我自己的社交圈裡，那些曾滿懷熱情看《白宮風雲》（*The West Wing*）並能同理劇中主角的朋友，也想逃離這些政治議題。我們是怎麼回應的？直接把「政治」二字放在節目名稱，實在是大錯特錯。

我們被這個節目的燈光、鏡頭、演技矇蔽雙眼，讓我們無法掌握其他人與我們不同的感受，也看不見危機將至。我們的雙眼緊閉，頭著地摔倒，得到慘痛的教訓。

相較於（或更精準地說，對比於）另一個妳可能有聽過的 USA 電視網節目《火線警告》（*Burn Notice*）幕後故事，《火線警告》是以間諜為題的影集，也是 USA 電視網有史以來最成功的節目之一。在 2000 年代初期，有個編劇向我們提出一個構想，一個發生在紐澤西深處的陰暗偵探故事。我和我的團隊都很喜歡那個想法和劇本，但資料和經驗卻顯示我們的觀眾不會喜歡，至少不會像目前的節目那麼受歡迎。當我們內部評分時，這個劇本沒有通過審核。我們知道節目組已經盡力以角色為中心（有了）、是個討喜但帶著缺點的角色（有了）、在藍天下拍攝（沒有）、以幽默、嘲諷和機智來讓戲劇對白和故事情節更輕鬆（沒有）。

因此，與其僅仰賴我們的直覺，我們利用所有可得的資訊，包括與我們感覺衝突的事實，來做出一個不同的決定：請編劇將故事場景從紐瓦克移到邁阿密，並在劇本裡增加大量的美式幽默。剛開始，他

覺得我們瘋了，他的直覺告訴他，這個影集應該更嚴肅、更神秘一些。不過，最後他仍交出了一個同樣充滿狡詐、機智、與情感，但節奏更輕鬆明亮的劇本。（節目的第一句話完美傳達我的意思：「秘密情報需要耐心等待。知道當間諜是什麼樣子嗎？就像妳一天 24 小時坐在牙醫診所的等候間，看雜誌、喝咖啡。而且常有人想要殺了妳。」）

這個版本的《火線警告》之所以誕生，是因為我們相信的不僅是直覺，還有其他多方面的考量，而它也為 USA 電視網和福斯影業（Fox Studio）賺進豐厚的收益。這個節目甚至有一度成為有線電視上最多人收看的節目之一，僅次於另一個 USA 電視網的節目《上流名醫》（*Royal Pains*）。

我和我的團隊因為《火線警告》的成功感到驚喜嗎？或許有。但我們會對*這個*節目的成功感到意外嗎？其實並不會。畢竟，我們非常瞭解我們的觀眾。我們知道他們想看什麼，因此推出了相對保守的節目，並以一些更可靠的成功指標來調整我們的直覺。

在《火線警告》的成功感受和《政壇野獸》的失敗感受之間，其實根本不需要選。誰不喜歡贏？然而，我卻仍然選擇繼續冒險，無論是我核准的影集、我支持的角色，還是我決定推動電視台和觀眾探索新的領域。有時，我仍然會跟隨我的直覺與本能來對一切事情做決定。但在《政壇野獸》之後，我不再盲目相信自己的直覺。

第三個節目（或者說是節目背後的故事）則可以清楚地說明我的意思。時間來到 2014 年，在《政壇野獸》失敗後不久，開發團隊提

出一份與過往 USA 電視網節目完全不同的劇本給我。它完全不符合我們的確認清單、沒有藍天元素、故事主角既不可靠也不討喜，而且幾乎毫無幽默可言。我和團隊都明白這些問題，但從高階主管到助理，公司內從上到下，都覺得我們手中握著一個可能會爆紅的機會。

我們反覆來回討論及辯論所有可能的選項與結果，次數多到簡直到了令人噁心的程度。我們大可以忽視我們共同的直覺，以我們所知的訊息去評估，直接放棄這個節目。然而，對我們來說，這完全不在考慮範圍內。我們也可以像處理《火線警告》那樣要求作者改寫劇本，讓它更貼近觀眾口味，但我們幾乎可以肯定作者會拒絕這個提議，然後把這個劇本帶去其他電視台，而大家都不願意冒這個險。我們也認為，即使作者願意將劇本改寫成符合 USA 電視網的風格，反而會損害最後呈現的節目效果。

我們也可以選擇相信直覺，儘管有正當的理由不該這麼做，但就讓劇本和節目保持原樣。我們知道這樣可能是錯的，可能會慘遭滑鐵盧，浪費時間、金錢和人力這些一去不復返的成本。不過，我們決定接受這個失敗的可能性，因為它也很可能會成功。如果我們是對的，如果觀眾和我們一樣喜歡這個節目，那麼這個節目會將 USA 電視網推向一個全新的高度。

在充分瞭解所有風險的狀況下，我們決定放手一搏。

風險很高，但完全在我們的可控範圍內。衡量這個節目達到我們期望的潛力，以及無法達成期望的可能性，這些是我們在《政壇野獸》

時完全沒有考慮過的，最終決定利大於弊。到這個時候，我們才決定放手一搏。雖然我們無法預測節目的接受度如何，但我們盡可能做了研究，先拍攝試播集，再運作焦點團體來收集回饋意見，不是為了改變節目內容，而是試著如何讓更廣泛的觀眾群對這個節目產生共鳴。

在電視業打滾數十年，我知道成功不僅是滿足觀眾的口味，製作可以通過測試的節目。我知道直覺不代表一切，但它確實也很重要。4 季影集共 48 集，得到廣泛的好評，爛蕃茄指數高達 94％，並囊括多項艾美獎、金球獎、美國演員工會獎、評論家選擇獎提名及獲獎，《駭客軍團》（*Mr. Robot*）證明我們的選擇是對的。

無可匹敵的山姆・艾斯梅爾（Sam Esmail）創作《駭客軍團》，內容講述一位身患社交恐懼症、解離性身分障礙和其他精神疾病的天才駭客被一群無政府主義者招募，負責執行一項刪除所有消費者債務的任務。這個節目讓新一代天才演員雷米・馬利克（Rami Malek）一舉成名，也讓克利斯汀・史萊特（Christian Slater）展現從影以來的最佳演出之一（我想我應該看過他所有的表演）。

在 USA 電視網，觀眾喜歡的節目卻不受影評青睞這種情形我習以為常，但《駭客軍團》是少數同時贏得雙方好評的作品。這是一場冒險，但它在適當的時機出現，在政治局勢變動的時刻推出，直接呼應千禧世代觀眾對世界的關注，而這些關注是 USA 電視網過去以 X 世代與戰後嬰兒潮觀眾為目標的藍天節目從未涉足的。在這個過程中，我們也成功將電視台的形象從通俗轉變得更具聲望。

我的直覺終於得以證實。

ᘒ 搞定它

我常說，做出正確的決策是一門藝術而不是科學。要找出正確答案沒有固定的方法，要往前推進也不僅限於單一路徑。然而，從另一個角度看，決策就像一門語言，有一套自己的規則。有些人精通這門語言，有些人一輩子都學不會，但是對大多數的人來說，都是介於兩者之間並持續不斷學習。然而，包括我自己在內的更多人，都犯了略過基礎，想直接依賴「直覺」的錯，因此我們做出的決定通常會令人困惑、造成混亂，甚至前後不一致。這樣的決策結果，在最好的情況下，也只會讓我們溝通不良，無法達成我們真正的目標。

練習妳的決策基本原則 ABC(DEF)s*

分析（Analyzing）

我們都會犯下衝動行事的錯誤。有時在還沒得到足夠資訊前，就因為當下的情緒而一頭熱地做出決定；有時在真正瞭解對自己的意義和對別人的影響前，就已做出決策；甚至在還沒有搞清楚整體狀況時，就草率做出決定。

我們可能在不清楚自己薪水已經高於業界水準的情況下，就因為

---

* 譯註：ABCs 通常用來指某學科的入門基本知識，作者在此用 ABC(DEF)s 並取其字首，除了方便記憶也幽默延伸基本知識（ABC）的用法。

覺得薪水太低而離職（順帶一提，經濟衰退即將來臨）。在現今這種左滑右滑的時代，我們可能會單靠一張看似髮線些微後退的照片，就放棄一個可能會是靈魂伴侶的人選。若是不加以改善，我們的潛在偏見可能會導致將女性高階主管誤認為基層助理，無意間說出一些冒犯對方的話。

然而，即使我們無法控制自己的直覺本能，仍可以控制我們的直覺反應……只需要在反應前稍待片刻就好。深吸一口氣、稍作停頓，並在做出假設前先花點時間瞭解情況。記住妳的直覺（也就是妳的潛意識大腦）和妳的潛在偏見之間的深刻連結；在說出口前，先質疑這些偏見對妳的想法有多少影響，以免不經思考的行動讓妳陷入麻煩；在衝動行事前，先釐清那些尚未確定的事。最重要的是，考量妳已知及未知的資訊，和那些可能改變妳想法的因素。直覺讓妳產生的第一個念頭，並不一定是正確的。

冥想

未經分析就做出重大決策是目光短淺的。然而，即使有意分析也可能因為各種分心因素影響而失敗。要理解直覺真正的意涵並不容易，比妳想像的還要困難得多，因為充斥著來自電話、朋友、親人的雜音。要找出真正的意涵，妳必須壓過這些雜音，讓自己進入冥想。不需要到印度 3 個月，甚至不需要坐下來（我都是在晨跑時「冥想」），只要先將各種電子設備關機，找個可以獨處的地方，讓妳的思緒安靜下來。保持專注，看看妳的潛意識大腦帶領妳去哪裡。

腦力激盪（Brainstorming）

說到做決策，並不存在太多意見這種情形，因為用其他選項來消遣一下也無傷大雅。如果妳正面臨重大抉擇，即使妳已經知道自己想怎麼做，以及尤其是當妳還沒有頭緒時，不要依照直覺悶頭做決定。相反地，應該利用妳的大腦，和其他人一起進行腦力激盪。

腦力激盪的空間規劃

無論何時我要帶領團隊進行腦力激盪（我跟帶領過的每個團隊都做過），我會訂下一些基本原則來引導大家的對話：

1. 會議室裡的討論絕不外傳。
2. 意見愈多元愈好。
3. 如果沒有人能提出反對意見，腦力激盪小組的規模就還不夠大。
4. 勇於說出想法。
5. 仔細傾聽別人的意見。
6. 不批判彼此。
7. 所有想法不針對個人，別放在心上。

考慮所有可能的選項，即使是非常不切實際或令人不舒服的選項也留下；和可能有不同觀點的人討論，導向他們每個人合理（或不合理）的結論，就像我和我的團隊在評估《駭客軍團》時一樣。列出優缺點清單，明確但不設限（也許妳沒有正確的選項）。畢竟，至少就理論上來說，沒有哪個點子是壞點子，只要測試、演練、辯論，考量過所有可能的負面後果，就能大大降低做出錯誤決策的可能性。面對

不確定時，反覆來回思考可以讓事情更明確，面對複雜的情勢時也是如此。甚至妳幾乎沒考慮過的選項，反而是妳最應該要認真考慮的。

比較（**Comparing**）

如果妳對於該怎麼做感到困惑，妳該做的事就是畫出比較表。

在考慮新節目時，我們會先將面前的選項與電視網裡過去的節目進行比較，並問自己：之前有過類似的角色嗎？我們處理過這個爭議主題或這個假設前提嗎？接著，參考其他電視網的節目，並與我們考慮中的節目進行比較。如果其他電視網從未做過類似的節目，我們會問自己為什麼。如果有類似的節目，我們會分析哪些地方成功、哪些地方失敗，以及我們可以在哪些地方做出差異。我們也會問自己，這個想法是否已經太氾濫了，我們的節目是否推出得太晚，或者市場是否已經過度飽和。這些過程能幫助我們從別人的錯誤吸取教訓，也能學習別人的成功模式，以避免因不瞭解市場狀況而導致的災難。

然而，不僅電視節目可以進行比較。妳覺得為什麼即使新娘在試穿第一套婚紗時就喜歡，還是要建議她多試幾套呢？並不一定因為她的直覺有錯，可能只是一時過於激動或困惑。她可能沉浸在愛情的氛圍裡，或至少對結婚這個想法感到心動，第一套婚紗當然令人興奮不已。但要讓這個感覺更加肯定，就需要用其他選項來比較測試看看：不同的剪裁、價格、袖長或設計師。如果在試穿完第七套婚紗後，第一套婚紗仍是她最喜歡的，那麼她的直覺就是對的。

故意唱反調（Devil's Advocate）

雖然沒人喜歡故意唱反調的人，但他們存在確實有其意義：透過找出漏洞來測試妳的論點強度。在做決策時，妳應該要特別留意那些禁不起詳細審查的選項。因此，找出在生活裡可以與妳唱反調的人，讓他們來挑戰妳。如果妳的論點在與他們對談的過程中就瓦解，或是妳甚至無法說清楚論點，那妳可能就知道答案了。如果妳的論點在對話結束時依然屹立不搖，那麼妳可能做了正確的決定。如果妳的論點或想法在這個過程中因為納入其他反對意見而有所改變，那麼恭喜妳，妳的決策應該會比原本更好。

如果有必要，妳可以請人來扮演這個角色。然而，如果情況允許，妳應該像組織心理學家亞當·格蘭特（Adam Grant，我最喜歡的聰明人之一）所建議，發掘出可以真正與妳持不同意見的人，某個能真心誠意地向妳提出反對意見的人。畢竟，真正的異議與辯論難以複製，要確保妳的決策能承受最嚴苛的批評，就需要找到最嚴苛的批評者。

重要思維

心理學家亞當·格蘭特在他探討原創者行為模式的 TED 演講中，解釋自我懷疑與質疑想法之間差別。他說：「自我懷疑會使人麻痺，讓你僵化無法前進。但是質疑想法可激發能量，驅使你去測試、實驗、精進。」當談到直覺時，試著將質疑聚焦在直覺所引導的想法和解決方案上，而不是產生那些想法的人的智商、創意或思維。質疑決策很好，但質疑自己可能會讓妳無法做出任何決定，這樣比做出錯誤的決定還要糟糕。

專家意見（Expertise）

妳不可能在每件事情上都做到最好。老實說，大多數事情妳可能都不會是最優秀的。好消息是，是否能做到最好幾乎與成功無關。

我常說，我能在這行走到現在的位置，有一個很重要的原因，就是我從沒想過要當最聰明的那個人。（身為天才兒童的妹妹，成長過程中從沒有這個選項。）在職場上，我反而希望是相反的情況：身邊圍繞著比我更有見識、更有經驗、技術更精湛的人。我很早就知道，請教別人並不丟臉，不會讓我沒面子，反而能讓我變得更好。（謙卑絕對比傲慢更能讓妳在生活裡走得長遠。）當我面對決策難題時，向更專業的人求助，尋求他們的建議，也會讓我的最終決策更完善。

因此，在依直覺行事前，先諮詢專家意見。如果妳為感情問題煩惱，在分手前先找心理治療師聊聊（非常瞭解妳們兩人的朋友或家人也可以擔任這個專家角色）；如果妳認為自己入錯行，在提離職前先找個導師或職業教練。有各式各樣的專家，善用他們是一種力量的展現，而不是妳的弱點。有些專家可能需要付費，但大部份都是免費的。因此，在採取行動前，應該先諮詢專家對妳的直覺的看法。

事實（Facts）

無論大小事，要做決策前先確認事實是很重要的。直覺存在於妳的內心，而情況相關的資料、數據和佐證則存在於現實世界。雖然這些資料可能不像表面上看起來那麼客觀，也可能帶有偏見，甚至只呈

現一部分實情或只揭露一半的面貌，但無論如何它們都是答案的一環。妳不一定要全盤接受，但拒絕去看這些資料只會讓妳走向失敗。

因此，當妳負責做決策時，就像聯合國大使那樣展開事實調查，找出所有相關研究、統計數據、調查結果，甚至是學術研究，無論它們對妳的目標是否有利。考慮各種因素，確認妳的決策是否可能達成妳期望的結果。最重要的是，不要像我們在《政壇野獸》那樣忽視事實。如果妳的直覺告訴妳要採取行動，不要忽略現實因素，而是要面對事實。如果對妳來說勝算仍然不高，那就像我們在《駭客軍團》時做的那樣，全力以赴去挑戰對我們不利的情勢。

結語

直覺（Gut）

有些人過度相信直覺，甚至到了不顧任何其他資訊的程度；但也有些人苦於相反的狀況：過度重視事實和數據、小道消息和專家意見、類似情況比較和評論分析，而忽略了心裡（呃，或是肚子裡）發出的危險訊號。這是我們形容這類決策「無膽」的原因。

我們應該追求的是平衡，善用所有的第六感，同時使用頭腦和直覺。我們需要從基本原則一路貫徹實踐到直覺。畢竟，唯有在做決策時考量內在*和*外在因素，才是真正的大膽果敢。

12. 不要為小事煩惱／
為所有事情煩惱

我們被告知：「不要為小事煩惱」

　　無論是上班還是下班，我們一天的時間都是有限的，在達到極限前，我們能關心和照顧的事情也有限。我們沒辦法隨時隨地顧及一切，如果試圖這麼做，只會讓自己精疲力盡。時間與精力都是有限的資源，從小我們就被教育要妥善利用它們，專注於大局、重大問題、大事、重大時刻和里程碑。至於其他小事，別浪費心思。別擔心，沒什麼大不了。

事實：「為所有事情煩惱」

　　1997年時，心理治療師理察・卡爾森（Richard Carlson）出版了《別為小事抓狂》（*Don't Sweat the Small Stuff...And It's All Small Stuff*）這本書，這句話從此成為我們的日常用語，這也不奇怪，因為這句話背後的涵義非常吸引人：關注生活中的小事會阻礙我們追求幸福與成功。時至今日，人們還是會引用這句話當成放下不重要事情或不關心的理由。他們認為這是專注大局，不要陷在瑣事裡才是成功之道的證明。

　　可惜的是，這句話沒有實現它的承諾。我們的文化雖然倡導理想化的宏觀視角，卻未付諸實踐。我們並不尊重那些只專注大方向而忽

略其他細節的人，也不會讚揚那些認為細微末節小事無足輕重的人。

相反地，我們的文化會推崇那些願意花時間並認真看待細節的人，那些人往往最後會成為領導者、成功者或是啟發我們的人。換個方式來說，我們會重視那些看似重視每件事與每個人的人。這也就是為什麼我的個人哲學可以說是*重視細節……因為細節不是小事*。

某種程度來說，鑽石給我們上了一課。鑽石的品質不一定會呈現在表面，而是取決於細節，這些細節通常無法以肉眼判斷。除了原石的尺寸和重量，那些規格才能真正決定鑽石的價值與價格。如果妳從事珠寶業，妳就會特別在意這些細節。

如果妳是餐廳老闆、主廚或是餐廳經理，妳也會特別注意細節。妳知道不僅主菜重要，開胃菜或餐前酒也可能會影響用餐體驗。（餐廳裡播放的音樂和光線也同樣重要。）任何有從事服務業經驗的人都知道，小細節往往會造成重大的影響，也能賺更多小費。相較於美味的食物，服務時的真誠笑容、免費招待的甜點、在父母開口要求前放置好兒童座椅，或是讓所有服務人員一起唱生日快樂歌這類細節，反而是讓小費翻倍的關鍵，同時也會吸引更多新顧客上門。

這個道理適用於各行各業，尤其是當攸關重大的時候。如果妳是律師，就要考慮每一個可能會影響案件結果的潛在嫌疑犯、證據、證人和不在場證明。如果妳是醫師，則要徹底仔細地診斷病患，盡快確認診斷結果並提出更有效的治療計畫（是的，因為有時確實事關生死。）對外科醫師來說，容錯空間通常小於 1 公釐，有時甚至根本不

容許錯誤空間，所以他們必須謹慎看待每一刀。

不僅外科醫師不注重細節會付出代價，若是承包商馬虎地看或畫工程藍圖而導致一兩度的角度偏差，可能他們事後才會意識到自己不小心建成匹茲堡斜塔。如果他們在郊區建案開工前沒有先進行土壤測試，無論是字面上還是意義上，自己和他們正在蓋的房子都「屎」定了，因為一旦下雨，化糞池系統就會故障。漏填 S-1 表格裡的數字可能會讓一家私人企業想要 IPO 的計畫泡湯，看似不起眼的錯誤，例如總裁措辭不當的發文，也可能重挫上市公司的股價。

這些還只是職場上的。

匆匆看過食譜，將兩茶匙的鹽錯放成兩大匙，可能會讓妳的豌豆湯變得跟死海一樣鹹。隨便抓起衣櫃裡兩隻黑色高跟鞋，可能會因為兩隻鞋子的鞋跟高度不一樣而讓妳的打扮失去平衡。誰沒有不小心把鬧鐘設為下午時間而睡過頭，導致錯過重要的會議或航班的經驗？

小細節會造成大差別，許多人粗心忽略或快速帶過的小舉動也會產生重大影響。不僅要記得重要里程碑，也要記得在人們生活中的微小時刻送上紅酒讓他們慶祝一下。（或是一桶從辛辛那堤直送的 Graeter's 摩卡脆片冰淇淋來撫慰他們。）在工作面試結束後送出貼心的感謝函，或是在聽說某人的壞消息後，及時發出「我在想你」的簡訊。只要花一點時間就能親自送出一張貼心的卡片或訊息，不要只靠那些千篇一律的選項或是交給助理處理。

無論工作或生活，不要粗心大意是最基本的底線。如果想要成

功，我們必須真的非常*仔細小心*，我的意思是對我們所有的工作、人際交流、想法，甚至是別人認為無關緊要的小事都要予以關心。我們關注的小事、微小的決定或是還沒定下來的交往關係看似不重要，但最後往往會出乎所有人的意料，造成重大的影響。

畢竟，上帝和惡魔都藏在細節裡並不是巧合。

ᕲ 我的視角

我喜歡把我重視和感謝各種小事的習慣視為家庭傳統。

這是我母親傳承給我的，而她則是承襲自*她的*母親。我外婆曾在敖得薩（當時隸屬俄羅斯，目前隸屬烏克蘭的海港城市）擔任裁縫師，移民至美國後則在布魯克林工作，距離我長大的東法烈布殊（East Flatbush）大家庭 10 分鐘路程。她非常一絲不苟，會為了找到適合的鈕扣而找遍整個布魯克林區。她的底線眾所皆知，如果有些地方看起來不對勁，即使客人自己都沒注意到，她在找出癥結並修改好前，整晚都不會回家。我外婆常說，沒有做好裁縫細節會傳遞出一個無關金錢的個人訊息：「如果妳不在意小事，為什麼別人要在大事上信任妳？」

雖然外婆過世時我只有 6 歲，她說過的話（我母親也經常說）一直留在我心底。我這一生都非常重視小細節，這也就是為什麼我的衣櫃會依顏色、類別和用途分門別類整理；喜歡聽押韻和諧音的字；講究螢幕的對比度與飽和度設定；不對稱東西也不行。我有一個行事曆，

用來記錄身邊重要的人的重要日子，每週至少會更新一次。我會花幾個小時與作家反覆來回討論，以產出完美的句子，隔天再花時間挑選一瓶完美的粉紅香檳以感謝對方忍受我的要求。「沒什麼大不了的」不是我會說的話。

我就是一個重視小事的人。我的先生、孩子，還有多年來許多曾與我共事或為我工作的人都可以證明，這也超級煩人。然而，我仍堅持這樣做，因為我一而再、再而三地學到，這些細節就像其他事情一樣，可能會毀了一段友誼、感情，甚至是妳喜歡的健身房會員資格。對節目、電視台，甚至是事業來說，也可能是成敗的關鍵。

作為電視台主管，我在同儕間可以算是個異類，同時以宏觀思考與細節分析能力而聞名。當大多數人在達到某個高度後就會開始讓別人代為決策一些較不重要的事，我仍喜歡參與所有事情（抱歉，我是指團隊）。我可能會因為試播集不符合電視台品牌形象而將節目砍掉，也可能會因為節目開頭的製作團隊名單（或顏色或版權）格式沒有完美對齊而給予回饋意見。我甚至會撕下時尚雜誌內頁的照片送去給製作人，讓他瞭解我對每個演員服裝造型的期望。

我的想法很簡單：在我的電視台出現的一切內容，都表示我同意播出，我最好真的都同意才行。

我的團隊是在拍攝 USA 電視網全新原創影集《頭號前妻》（*Starter Wife*）的宣傳素材時才明白這一點。這部由黛博拉·梅辛（Debra Messing）擔綱主演的影集看起來很棒，但我只看了一眼宣傳照就覺

得有點不對勁。當我因為紅色洋裝會淡化她的亮眼紅髮，紫色洋裝則能增加亮點並提高對比，而堅持要將黛博拉的衣櫃裡一件她喜歡的紅色洋裝修成紫色時，收到了無數白眼。這個選擇最終登上洛杉磯、芝加哥和紐約的廣告看板，讓我們的收視率跟畫面裡的顏色一樣搶眼。即使到現在，我仍不認為有任何人比她更適合紫色。

　　我會注意這些服裝細節。在拍攝現場，如果我注意到有演員穿著超出戲中角色能負荷的昂貴衣服，我就會請他們換一套。如果西裝的剪裁不合身，或是上衣顏色太沉，我同樣也會要求換掉。

　　管理科幻頻道時，我做了一個簡單且可能有點膚淺又不具實質意義的決定，將頻道名稱從 Sci-Fi 改為 SYFY。這個改變看似只有 2 個字母（或 3 個字母，看妳怎麼算），但我相信這個改變非常重要。我們不能將所有科幻素材視為同個類型，但如果自稱為 Sci-Fi 頻道似乎會讓人誤會我們的目標就是科幻題材。頻道名稱限制了我們的廣度，讓一些嚴格來說不算科幻的節目顯得格格不入。我們也不能申請 Sci-Fi 的商標，更重要的是，我們甚至無法保住 Sci-Fi* 這個網域名稱。我想要的是一個身處科幻世界並能進一步探索其他未知世界的品牌，我知道頻道更名會讓有些人感到困惑（如果他們有注意到的話）。我收到來自各方的懷疑，告訴我這次的品牌改造只是浪費時間和金錢，

---

* 譯註：Sci-Fi 與 SYFY 同音。Sci-Fi 為科幻（science fiction）的專有簡稱，可泛指所有科學虛構的作品類型，指包含未來科技、平行宇宙、時空旅行、外星生命、人工智慧……等議題相關的各類創作。作者在此要表達頻道名稱 Sci-Fi 改為同音的 SYFY，將可擺脫因為 Sci-Fi 特定意義而產生的限制。

吸引觀眾的是節目而不是頻道本身。但是我和當時的科幻頻道全球行銷主管亞當都堅信，這個改變將會帶動一般觀眾對我們的品牌認知，有助於我們將頻道內容從死守科幻題材轉向更廣泛的創作故事。先小小爆雷：更名為 SYFY 的科幻頻道將推出關於太空、魔幻、海底神話、超自然事件、神秘人物、超級英雄、魔法、啟示錄、烏托邦及反烏托邦等許多能帶進超高收視率的新節目，而事實證明我們是對的。

雖然螢幕上的細節對我來說很重要，但幕後的各種「小事」對我來說更是重要。用心留意所有小事，認真看待、謹慎處理並牢記於心，或許是我能成功的最重要關鍵。至少，這種態度讓我擁有了回家的鑰匙和房子，當然還有我的事業。

大約在我們進行科幻頻道品牌改造，以及將黛博拉‧梅辛的洋裝改成紫色的同一段時間裡，我和先生也翻修了我們的房子，資金完全來自我薪酬結構中的既得股權。房子完工時，我特地寫了一封幽默的信向前老闆巴瑞‧迪勒致謝，描述我們如何把一間陰暗、漏水、破舊、充滿「特色」的 1930 年代石造殖民風格老屋，改造成更適合居住的樣子，並附上一些照片佐證。我的郵件主旨和內文的第一行寫道：「這是『你』建的房子」。

我只花了幾分鐘就寫好這封郵件並發出去，之後也沒再多想這件事。然而，顯然巴瑞覺得我的感謝很有趣，而我的信也確實引起他的注意。於是不久之後，康卡斯特併購 NBC 環球集團時，他將那封信轉寄給我的新老闆來證明我的品格，他同時附上這段話：「她值得被

留下，是個該保護的人才。」因此，一封我可能根本不會寄出的信，讓我在這場重挫幾位同儕事業的企業併購中得以倖存。

拯救我事業的不是一份正式申請或一場面試，而是一封感謝函。

ᘒ 搞定它

如果妳天生就重視細節，歡迎加入我們的行列。如果妳不是這樣的人，成為一個專注細節並在意每個環節的人，可能會讓妳覺得自己變了一個人。儘管有許多令人信服的理由，但要求妳開始重視細節，仍然可能像是在要求妳對生活方式做出巨大的改變。然而，雖然難以讓妳的宏觀視角一夜之間改變，但還是可以從一些小事做起，並產生巨大的影響。

所以……

要流汗，不要緊張

許多專家建議每天都該流點汗是有道理的，流汗有助於我們保持平靜、冷靜和鎮定，隨著肌肉裡的血液流量提高，也有助於加速我們復原傷口。從比喻上來看，我相信為小事操勞也具有同樣的效果。當然，每天多花一點精力（甚至可能根本不費精力）在那些平時不需用心或完全被忽略的事情上，可能覺得很費力，就像我們明明可以輕鬆地躺在沙發上卻去健身一樣。然而，實質和意義的汗水都能讓我們保持良好的狀態並增強活力，讓我們在生活裡更加自信，並能省去後續

陷入困境的可能。重點不在沒有意義地過度操勞，而在於即使面對不起眼的問題都要提早採取確實且徹底的行動，這樣一來，我們就不需要在之後過度操勞。

洗碗機寓言

說到洗碗機，我先生和我有著天壤之別。（我常開玩笑說，所有的感情關係裡都有一個邦妮和戴爾，不限於洗碗機問題。）我放置餐具時有其用意，無論是分菜匙、沙拉盤還是湯碗，每個物品都有它該擺放的位置。戴爾則是隨意把餐具塞進有空位的地方，根本不管那是不是適合的位置，還常笑我在用洗碗機時多花了幾分鐘或多耗了幾個腦細胞。然而，我才是那個笑到最後的人，因為戴爾需要把餐具分成兩批才能洗完，我卻能一次搞定，洗完後再花 10 分鐘把餐具取出，並且只要幾秒鐘就能將餐具分類整理好。我在一開始稍微多花了一點時間，但他隨意的洗碗方式反而讓他後來花費更多的時間。（除非我忍不住把他放進去的餐具重新再整理一次。）

標註行事曆

每個重視細節的人都有一個充滿各種備忘提醒和日期的行事曆（或是有助理幫忙隨時更新）。可以從我們的教戰手冊裡學一招，並轉換成妳自己的方式。當然，妳生活裡的重要活動和場合都該記錄下來，這樣才不會錯過截止期限或牙醫預約。然而，真正讓妳脫穎而出的是記錄*其他*人生活中的重要時刻。

可以從生日開始，每個人都有生日，每年都是同一天。當妳偶然得知（例如妳老闆的先生送她生日花束），就記錄下來；當 Facebook 通知，妳的童年夥伴即將 50 歲了，也把它加進行事曆；如果妳姐夫提過想試試一個新的科技產品，也把它加進來，這樣就不用為了準備禮物而手忙腳亂。如果跟朋友外出用餐，觀察他們的紅酒偏好，也同樣記下來。一旦妳開始這樣做，這份行事曆就僅是維護問題。無論何時得知或想起家人、朋友、或親近的同事生活中的重要日子，就在妳慣用的電子裝置上把它更新至行事曆，並註明是單一事件或是定期重覆發生的事件。隨著行事曆愈來愈充實，妳會發現妳省下更多的時間和精力，也能避免一些令人頭痛的狀況。最後妳可能會發現，只要每天早上快速瞄一眼行事曆，就能讓妳變成更棒的家人、朋友及同事。

掌握行事曆

我管理行事曆的方式是「當有疑問時，先記下來」，即使我不會對這個資訊採取行動，我還是希望知道某人發生什麼事，總比後來因為忘記而覺得懊惱來得好。以下是永遠會在我行事曆裡的詳細清單：

- 所有生日
- 所有週年紀念日（結婚、工作、離婚、死亡）
- 孕婦朋友的預產期（近來則是他們小孩的預產期）
- 許多電視節目的首映日期
- 至親好友的手術日期
- 兒子傑西和他太太伊麗莎白領養新狗狗的日子
- 同事要去買求婚戒指的日子
- 同事的另一半啟程去出差兩個月的日期
- 朋友收到切片檢查結果的日期
- 優秀員工面試新工作的日期
- 即將離職員工的新工作入職日
- 不好相處的父母住在朋友家的那一週
- 超級盃冠軍賽那天，洛杉磯公羊隊贏球時我要發訊息的朋友清單，以及辛辛那提孟加拉虎隊領先時我要發訊息的朋友清單
- 我孫子最喜歡的顏色
- 7 月就想到的聖誕節和光明節送禮點子
- 要在情人節發給單身朋友的幽默簡訊備忘錄
- 同事入住的飯店名稱及入住時間，可以送一瓶香檳過去給他驚喜
- 所有我想記住的活動；任何我不想忘記的想法

事後採取行動

　　每個人都曾有過一些「早知道」、「當初應該」、「原本可以」的時刻，事後回想時，往往會希望當初應該去做某些事，或採取不同做法。當這種情形發生時，無論是事情發生的一個小時、一天，還是一個月後，很容易讓人選擇就這麼算了。然而，應該把「太晚了」變成「我不會再等」，並依事後想法採取行動。寄出生日賀卡或慶生簡訊，甚至晚了一點也沒關係。把讓妳想到對方的 Podcast 連結或餐廳寄給妳的朋友，即使已經過了幾天也無妨。為沒有先校對就寄出的行為道歉。當然，要先承認妳掉球了（「希望我早就做了這件事」、「我知道已經晚了」、「關於這件事我想了很多」等），但趕快撿球補救。雖然有點陳腔濫調，但晚做總比不做好。

再看（聽）一次

　　我認識一位中學英文老師會告訴學生：「第一次閱讀只是先打招呼。」他是對的，要確保我們注意到所有細節並徹底考量某件事的最佳途徑，就是再多給自己一次機會。當然，這不僅適用於我們自己的工作，也適用於別人的工作。我就是如此看待劇本和試播集。通常我會在第一次閱讀或觀看後，有時僅在幾分鐘內，就先產生直覺想法，但我仍會翻回到第一頁或倒轉至片頭，重新再來一遍。如果我要否決某項事物，我希望自己不要錯過一些可以讓我改變心意的可取之處；如果我要核准某項事物，我希望自己能確保沒有因為個人偏好而忽略

適當地權衡優缺點；如果我要批評或表達對某事的擔憂，我希望自己能確定沒有錯過任何微小或重要的涵義。

列出清單

Listless 這個字的意思是「缺乏活力或熱情」，那我可能是世界最有活力、最熱情的人。而 listful 的意思是「專注的」*，這就更貼切了，因為我總是有各種清單。我以多張待辦事項清單來管理我的日常工作；每次度假或出差時，我都會準備打包清單，如果妳有需要的話，可以依天氣、目的地、旅行時間挑一張借給妳；雖然我不負責家裡的採買（那是丈夫的工作，不是嗎？），但如果我負責，我可能會像某位同事的母親一樣，依照賣場走道分別列出採購清單，這樣可以更有效率地完成採買工作；我有一張人生夢想清單，它可能會讓我在七十幾歲時去跑馬拉松（實際上應該是走）；我做任何決策前要列出優缺點清單。（即使是這本書，一開始也僅是一份我認為會誤導女性的咒語、格言以及陳腔濫調標語口號的清單。）有時候，我甚至會做出一份清單的列表，分項列出各種清單來提醒自己，免得忘記。

各種事情我都需要清單。如果妳想要重視細節，妳也應該像我一樣。首先，列清單能將看似難以克服的大事拆解成可處理的小事，就

---

* 譯註：英文字尾 -less 通常表示缺乏某樣事物，字尾 -ful 則通常表示充滿某樣事物。此處作者以 List（清單）這個字的兩種字尾變化產生的形容詞定義，來雙關對照「缺乏清單」和「充滿清單」。

像將忙碌的一天拆分成幾個工作任務。清單可以協助我們記住一些小事，例如寄出郵件、買燕麥奶、在某個日期前將洋裝送去乾洗、在期限前繳帳單。清單能為混亂的情況帶來秩序，進而舒緩壓力；讓我們能按計畫行事，以免發生延遲。清單能激勵我們前進，直到完成目標。因此，列個清單，再檢查一次，接著再列另一個清單。

腳踏實地

即使是最有力量和最受到敬重的人，也無法獨佔所有好點子、見識和回饋意見。然而，有些人會忘記這個基本事實。就像他們認為重視小事是浪費時間一樣，他們也認為不需要花時間或認真對待那些尚未成名或是身處公司基層的「小人物」。這不是好的領導風格，在職場上，這是個很大的錯誤。如果妳希望全面瞭解公司內部情況，妳必須保持腳踏實地並歡迎來自各方的回饋意見。畢竟，有時最深刻的智慧來自無名小卒，而非大人物。

充分感謝

需要致謝時，如何表達謝意並非小事，而是非常必要的事。然而，一個普通或形式上的感謝有時甚至會比不道謝還糟，明顯是由助理或AI機器人代寫的感謝函也好不到哪去。即使立意良善，這樣的感謝函會讓收件人覺得自己被忽視，不值得對方多花幾分鐘用點心思。因此，如果要真誠致謝，就要用心寫出有意義的感謝函。展現出妳的個

性，愈鮮明愈好。（即使是發感謝函給面試妳的用人主管，幽默也會有用。）將感謝函個人化，具體指出感謝對方的禮物或行為，並說明對妳來說具有何意義，以及妳有多麼感激。

感謝函的公式與範例參考

雖然不會有兩張看起來完全相同的感謝函，但確實有一個公式可以讓妳的感謝函令人印象深刻：

作者資訊＋收件者資訊＋感謝禮物（或行為）＋幽默＋共同記憶＋對未來的（即刻或長期的）希望＝完美致謝

疫情最嚴重的時候，有個我很喜歡的編輯告訴我，她接受了另一個新工作，我和她合作的第一個專案很遺憾地可能也會是我們的最後一個專案。時至今日，她又換了兩次工作，但我們仍保持聯繫，持續交流想法，這本書也是交流的內容之一。她最近告訴我，我回覆她離職通知的那封信（雖然我幾乎不記得自己曾寫過），正是我們保持聯絡的原因。

親愛的喬德：

喔不…

雖然我為妳感到無比開心，但我也為自己感到無比難過。

我**超愛**和妳一起工作，不僅好玩、輕鬆，還非常貼心。妳能很快地「抓住」我的見解，並能巧妙地將妳的意見與智慧不著痕跡地加進來。

我們一定要保持聯絡。

我想我們一定能找到再一起工作和玩樂的機會。

當然，無論何時，只要世界恢復正軌，我們一定要一起喝杯咖啡，或來杯紅酒或龍舌蘭更好。

祝福妳在我出生地布魯克林玩得開心。

記得給我妳的新地址和聯絡方式。

抱一個

祝妳好運

邦妮

要記得，那些能讓妳走最遠（或讓人一直記住妳）的感謝函，往往是人們沒有預期會收到的。也許是由於我這輩子不斷看電視節目工作人員名單，我的工作方式一直都是當有人扮演某個角色時，就應該給予認可和感謝，即使幕後工作人員也不例外。生活很難，但說聲感謝卻很簡單。好好表達謝意並不費力，但絕對值回票價。

善用妳的團隊

我們不需要隨意插手別人負責的工作，我們可以做也應該做的事是找出值得信任的人，教導他們，並慎重地委派工作給他們。

如果妳是主管，別期望妳的部屬會讀心術，要直接告訴他們妳對工作的要求。讓妳身邊既有與妳同樣思維、擁有相同優勢和優先順序的人，*也*有與妳思路不同，能看到妳盲點的人。招募人才的時候，除了考慮候選人目前的能力之外，也要評估他們的成長潛力。妳不需要相信他們在入職第一天就能做好妳的工作，而是要相信他們*有*一天能勝任妳的工作。畢竟，隨著妳在職涯上攀升，妳留給「小事」的時間

就愈少。然而，如果妳管理得當，任用對的人，謹慎地派任，妳就能更輕鬆地安心前行，因為妳知道有信任的人在幫妳打理那些事。

密切關注（並持續追蹤）

一封全公司各部門都收到的「**我不幹了**」郵件（或任何形式的辭呈）通常是員工不滿的最後訊號。幾乎可以肯定的是，這並非初期徵兆。然而，不重視細節的老闆可能不會注意到這些訊號，因為這些牢騷抱怨不會直接出現在老闆面前或信箱裡。即使真的出現了，這些老闆也可能覺得沒什麼大不了而草草打發。但是，當這個問題變得不容忽視時，通常都已經太晚而難以解決或補救了。

因此，密切關注細節，留意那些微小的示警紅旗（我稱之為「粉紅旗」），例如行為舉止的細微變化、幾乎難以察覺的工作品質下滑、比往常更多的無故缺席，並且記錄下來。關心對方是否發生了什麼事，有沒有妳能幫上忙的地方。最理想的情況是，妳可以將問題防患於未然，以免像雪球般愈滾愈大，確保小事不會變成大問題。就算是最糟的情況，至少那封「**我不幹了**」的辭職信不會讓妳措手不及。

堅持到底

妳不可能把全世界的重量都扛在肩上，如果試圖這麼做的話，妳會不堪負荷而崩潰。「重視小事」不代表要一切都做到盡善盡美，不過，它確實代表妳應該要徹底做好妳選擇要做或關注的事。這代表妳

應該要全面審視情勢，認清無論重大任務和微小任務對妳來說都同樣重要。這表示寄給用人主管的郵件應該要避免任何錯字，因為妳知道這關係到妳獲得工作的機會，哪怕只是些微的影響。這表示不該貪小便宜走捷徑。這表示妳要選擇妳的戰場，並在選擇後全力以赴以取得勝利。這表示不但要行動，而且要精確地執行。這表示要堅持到底。

∾ 結語

早在理察‧卡爾森告訴世人別為小事抓狂的 10 年前，作家羅伯特‧布勞特（Robert Brault）曾給出不同的建議：「享受生活中的小事。總有一天當妳驀然回首，妳會發現，那些小事才是真正的大事。」小事可能帶來重大影響，談到要改變思維、行事方法和日常習慣，小事就是大事。我們在偉大計畫中所扮演的角色就取決於我們所做的每一件小事，那些小事都會累積成重要的養分。

13. 贏家全拿／
勝利不代表一切

我們被告知：「贏家全拿」

　　我們在樂透彩、競選活動，甚至是大部分的運動競賽裡經常看到這樣的狀況。當我們沒能達到預定目標時，重點似乎不在於我們為什麼輸，而在於「輸了」這件事本身。在勝者為王的世界裡，贏家得到一切，勝利者獲得所有戰利品。至於我們這些輸家呢？在現實世界裡並沒有參加獎，我們如果失敗了，往往只能空手而回。

事實：「勝利不代表一切」

　　希奧多・蘇斯・蓋索（Theodor Seuss Geisel）、麥可・喬丹（Michael Jordan）、傑瑞・史菲德（Jerry Seinfeld）和亞伯拉罕・林肯（Abraham Lincoln）之間有什麼共同點？他們在成名前都曾遭遇失敗。

　　史上最受歡迎的童書作家蘇斯博士？他的第一部手稿曾被 27 家出版社退稿。

　　NBA 官方認定的「史上最偉大的籃球員」？他高中時甚至進不了籃球校隊。

　　全球最富有的喜劇演員？他在首次開放麥演出時，因為緊張到忘記所有笑話而被噓下台。

普遍公認為美國史上最偉大的總統？他在真正入主白宮之前，曾競選 7 個政府職位並 9 次落選。他也曾因為情緒崩潰而長達 6 個月臥床不起。他還曾向朋友借錢創業，結果在 1 年內就破產，使得他必須在接下來的 17 年內持續還債。

這些人在成為贏家前都曾是輸家，而他們只是龐大群體中的一小部分。各個產業、各個世代的領袖與傑出人員中，獲得成功前曾經歷失敗的人可列出一長串，且範圍非常廣泛，這絕非巧合。談到成功，先有失敗經驗看來不僅是種模式，而是個必經的條件。

這些人還有一些共同點：他們都是男性。這也不是巧合。當然，女性也常在找到屬於自己的路之前經歷挫折，但那些從失敗中逆轉成功的女性，備受關注的案例卻少之又少。

這是為什麼？因為女性一開始就害怕失敗，所以較不願意冒險嗎？還是因為我們在遭遇失敗時會歸咎於自己，所以不太願意重新站起來再試一次？

就我的經驗來看，答案兩者皆是。然而，與我們的文化所灌輸的觀念相反，這種對失敗的厭惡並非天生的，而是父母從小對待女孩和男性的方式就不同。2015 年一篇發表在《發展心理學》（*Developmental Psychology*）期刊的研究指出，男寶寶比較會被放在大腿上彈跳或拋向空中逗樂，女寶寶則會被輕柔地安撫，性別差異從幼兒時期就開始形成。根據「編成女孩」（Girls Who Code，致力弭平科技與電腦業性別差異的非營利組織）的作者及創辦人雷舒瑪・索雅妮（Reshma

Saujani）所說，這與生理限制較無關，反而與社會化的過程有關。

在「勇敢，不完美」（*Brave, Not Perfect*）TED 演講以及後來出版的同名書籍中，雷舒瑪解釋為何男孩們都被鼓勵要就幹大事，不然就回家，即使可能導致重大失敗或明顯落後也無妨，就算真的發生了，還是會鼓勵他們重新站起來再試一次。這並不是什麼奇聞軼事，研究指出男孩在玩樂時有更大的自由度，尤其是在戶外活動時，父母或保姆不會過度監看。他們可以跳過圍籬或在公園的攀爬架上盪來盪去，就算可能會摔倒受傷，傷害也不會持續太久。（而且他們被灌輸了疤痕及戰鬥的創傷很酷，可以在休養時對朋友炫耀。）在課堂上，他們會大聲喊出答案、違規受罰、放學後留校，然後再從頭來一遍。簡而言之，男性從小就被教導要勇敢且可迅速恢復地成長。

女性則通常被教導要怯懦和謹慎行事。當然，這並不是原本的用意，原本是出於保護我們的目的。紐約大學在 2000 年的一項研究指出，如果在 11 個月大嬰兒的母親面前放置可調整的斜坡道，請他們預測自己的孩子可以成功爬到哪個坡度，以及不考慮是否成功的情況下，孩子願意嘗試爬到什麼坡度。結果顯示，無論在能力還是嘗試意願上，母親都會低估女寶寶，而高估男寶寶。

父母與文化規範在整個兒童時期持續保護女孩。無論在遊樂場上或是到朋友家過夜時，小女孩受到的監管都比男孩多，不希望她們受傷，也會在情況變艱難時給予更多的方向及協助，即使是在課堂上也不例外。生日或節日時，我們收到的都是娃娃、夢幻娃娃屋、美術用

品這類玩法不可能出*錯*、鼓勵創意與想像力的禮物。男孩則會收到可以堆疊再推倒的積木和需要大量練習的籃球框。我們較少參與有勝負之分的競賽類運動，反而更常參加像是舞蹈這類每個人都能參與表演的活動。

感謝老天，情況與我小時候相比已經不同，現在的小女孩有更多選擇，尤其在運動方面，這主要歸功於教育法修正案第九條＊。然而，許多社會化過程依舊有類似的情形，男孩們培養勇氣，我們卻沒有。

小時候，我們的成功多半來自課堂上。然而，即使是正面的鼓勵，之後仍可能對我們造成負面影響。它會重建我們的心理狀態，讓我們將讚美視為動力，並避免任何可能不會得到讚美的情況，這是適得其反的溺愛方式。哈佛大學的研究顯示，當我們進入大學後，如果在單一課程上的成績拿到 B，女性放棄該主修科目的機率是男性的兩倍。當然，在職場上，這種通常被貼上「完美主義」標籤，只追求百分百成功而避免任何不確定因素的傾向，可能會造成嚴重的後果。為什麼？因為失敗難以避免。

無論是出包了、犯錯了、搞砸了和落敗了、被拒絕和感到沮喪，或是失敗，有時候，確實是我們的錯，是我們的行動造成的後果；有時候，事情就是發生了，根本不在我們的控制範圍內。無論是哪一種

＊ 譯註：美國教育法修正案第九條是 1972 年 6 月 23 日實施的法律，條文內容規定「沒有人會因性別因素，在接受美國聯邦政府補助的教育課程或活動中被排除參與、否定權益、或遭受歧視」。

情形，每個人都可能會面臨這些挫折。然而，女性通常沒有做好恢復的準備。恢復力就像身體的肌肉，必須不斷鍛鍊並經常使用才能變強，但我們卻沒有做足夠的努力來增強這個力量。

是時候開始了；是時候停止害怕失敗了；也是時候完全摒棄我們對「失敗」的狹隘看法了。這個想法不但有害，而且與事實不符。失敗常被視為最終定局，但大多數時候並非如此，它只是暫時的挫折。失敗不是結束，而是不斷反覆試驗過程中的一部分，而這個過程正是我們成長的關鍵。

我們活在反覆試驗的世界，跌倒了再站起來，多次出局後才能揮棒成功，而不是在一個單次勝利就能獲得一切的世界。成功並不受限，總會有另一條路可走或有另一場比賽可參加。世界上最成功的人都明白這個道理，我們必須跟隨他們的腳步，接受一次又一次不斷地出錯、跌倒、失敗，因為他們有堅定的目標。隨著每一次失敗，「失敗者」必須創新、改善、隨機應變，並研究其他選項、想法和技巧，並在這個過程中增加恢復力。麥可・喬丹曾這麼說道：「我這一生不斷地在失敗，而這就是我成功的原因。」

堅持不懈是這些將失敗逆轉而勝的人從失敗者中脫穎而出的原因，另一個關鍵則是觀點。如果我們能轉換對失敗的看法，就能改變面對失敗的方式。如果我們能瞭解問題所在並予以改進，失敗就能成為我們可以從中學習並加以超越的經驗，而不是停留在原地的理由。

失敗不是阻礙，反而往往是我們開啟下一段旅程的關鍵。

∽ 我的視角

如果受到挫折後無法再成功，那麼我的事業早該結束了。我曾被忽視、被拒絕，也把事情搞砸無數次，但我仍能拉好鞋帶，拍掉皮褲上的灰塵，隔天（或至少滾下床）重新振作起來，繼續奮鬥。因為，對我來說，被打敗就是重整旗鼓、重新評估，想想下一步怎麼走的最好時機。

2004 年，就是《芭特樂》（Borat）讓「偽紀錄片」成為觀眾最愛的電影類型的兩年前，我核准了一部可能會賠上事業的偽紀錄片。

當時，我除了是科幻頻道的總裁，還剛被晉升成 USA 電視網的總裁，這兩個頻道都被奇異家電收購，成為 NBC 環球集團的一部分。在此之前，科幻頻道（以及我和我的團隊）在營運上並沒有受到太多監督。在有線電視的世界裡，我們依然算是相對年輕、甚至有點滑稽又怪異的新興頻道，也因此別人對我們的期待不高，對我們的投資也不多，尤其是針對行銷活動和行銷預算方面。如果我們想要在這個領域裡濺起水花、一舉成名，就只能自己脫掉衣服跳進去。

相較於日落大道上投放昂貴奪目的廣告看板，我們為了上頭條而採取許多非傳統策略，選擇許多宣傳噱頭和游擊行銷*。我們的目標

---

* 譯註：游擊行銷 (guerrilla marketing) 是 Jay Conrad Levinson 在 1984 年提出強調游擊戰術的行銷策略，以出奇不意的方式，用創意和驚喜來獲得注意。游擊行銷原本是中小企業以低成本的行銷手法來對抗大企業高額廣告預算的方式，但經過幾十年來的市場變化，游擊行銷已不再限於中小企業，而成為重要的非傳統行銷策略。

是以較低成本讓更多人討論我們的節目，而這也使我們必須跳脫思考框架並接受爭議。由於我們的節目類型介於事實與虛構之間（我喜歡稱之為「分歧」），因此採用這種行銷公關方式也很合理。

《紀事報》（*The Chronicle*）是一部關於一個年輕記者發現自己在小報上寫的那些怪物、外星人、異形和其他超自然物體，其實都真實存在並且活在下水道的節目。在《紀事報》首映之前，我們在紐約派出「消毒人員」團隊，在人孔蓋噴上「隔離」一詞。那是 2001 年，不是 2020 年的疫情時代，我們的頻道也因為毀損公物而處以高額罰款。2003 年，我邀請比爾·柯林頓（Bill Clinton）的前幕僚長約翰·波德斯達（John Podesta）來協助科幻頻道向聯邦政府提起訴訟，要求解密目擊外星生物的相關文件，讓公眾得以檢視，正如我當時所說：「刪除介於事實與虛構之間的模糊地帶。」為了宣傳如今已成巫術經典的《厄夜叢林》（*The Blair Witch Project*），我們製作了一部「幕後花絮」的偽紀錄片來揭示真相，配合演員的失蹤人口協尋傳單、偽造的嫌犯照，以及在聊天室裡安排暗樁，暗示電影遠不及表面看到的那些。這讓我們接到大量的關切電話，甚至引來警方調查。不過，這一切也創下各種記錄，並催生出整個恐怖電影新類型。

這些冒險通常會得到回報，直到有一天，結果並非如此。

事情要從知名導演奈沙馬蘭（M. Night Shyamalan）即將上映的電影《陰森林》（*The Village*）說起，科幻頻道行銷部門決定做些有趣的創意，我們拍了一部關於導演「深藏的秘密」的「紀錄片」：講述

一起發生在奈沙馬蘭童年住家附近湖邊的懸疑神秘溺斃事件，據說該事件是他對超自然現象產生興趣的起源。

　　我原以為溺斃事件應該很明顯是虛構的。這個我們編造的紀錄片起源故事，說奈沙馬蘭一開始同意參與，後來卻反悔，科幻頻道在他威脅要採取法律行動的情況下，未經他同意就公開影片，這一切看起來都很荒唐。我也以為導演從頭到尾都有參與其中，這應該是很明顯的。我和團隊全心投入在這個宣傳噱頭，由虛構的員工寫了虛構的新聞稿（附上假的電話和電子郵件）來宣傳這部偽紀錄片，還接受正式訪問，說明我們播出的法律依據，並聲稱奈沙馬蘭曾試圖終止製作。

　　這一切其實與我們過去做的游擊行銷手法沒有太大差別，雖然這次看起來做得有點過火。不同的是，我們現在隸屬公司文化更加嚴謹的奇異與 NBC 環球集團，他們對行銷噱頭的接受門檻要低得多，尤其是這類可能會誤導記者的宣傳手法。（由於集團以新聞頻道聞名，這也很合理。）我還在依過去的方法行事，但遊戲規則已經改變了。在核准這個非傳統行銷手法的時候，我就該料到這一點。然而，因為我沒考慮到，我的行動為集團總部的新高層帶來嚴重的醜聞，或至少可稱為公關危機。

　　我揮棒落空，球棒卻飛出去，砸在我新老闆的鼻子上。如果我想留下良好的第一印象，我所做的卻完全相反；如果需要有人負責，或是必須有人站出來承擔責任，那人應該是我。我感覺糟透了，不僅震驚，更覺得羞愧，我讓公司損失一大筆錢，也知道自己有可能會被公

司開除。然而，我從沒想過一走了之，反而展開了一個非正式的道歉之旅。首站從我的新老闆傑夫·佐克（Jeff Zucker）開始，我打電話給他的助理，請他安排隔天早上讓我與我老闆碰面，然後垂頭喪氣地走進他辦公室。我坦誠地說明事情的經過，並負起全責，說道：「我應該在核准這個行銷方案前先考慮它對 NBC 環球集團的影響，下次我不會再犯這樣的錯誤。」接著並解釋我將設置防範措施，以確保高層不會再以這種方式受到意外驚嚇。

也算我運氣好，醜聞發生後不到一個星期就是年度會議，所有大的媒體主管都會在這個會議上向電視評論家協會（Television Critics Association）介紹新節目。在我介紹接下來令人興奮的節目安排之前，我得在業界最重要的評論家、記者和所有同行面前先為我們的行為致歉。那是非常難熬又尷尬的時刻，而我內心的一部分甚至希望自己可以消失。

這次失敗完全是我的錯，作為一個深信第一印象極其重要的人，我留下了一個糟糕透頂的第一印象。我進入一個新的文化場域，卻沒有先評估情勢就貿然行事，這是我絕不會再犯的錯誤。在那之後，我在評估團隊的瘋狂點子和決策時都會諮詢法務部門。我會在考慮行動的正面效益時也一併考量可能產生的負面影響。我也*真正*學會如何察言觀色：瞭解文化、人、議題、敏感度、壓力點、規則和不能踩的紅線。懂得察言觀色是我能在後續的企業併購中得以倖存下來的重要原因之一。

我一直極力避免使用已過度氾濫的「在失敗中前進」一詞,用以說明將挫折轉換為成功的墊腳石的概念。然而,我曾在大眾面前跌了一跤,但透過承擔責任、不沉溺於過去,並展望未來,成功翻轉這次錯誤。

　　在面對那些客觀上並非我造成的失敗,以及那些被強加在我身上的問題時,我也抱持同樣的態度來應對。

　　2007 年,我當時的老闆幾乎對我承諾要讓我接手 NBC 環球集團旗下招牌廣播頻道的娛樂事業部門總裁職位,也就是播放《我們的辦公室》、《法網遊龍》(*Law and Order*)和《週六夜現場》的頻道。無論是在同事間或在業界,這次晉升都被視為一大躍進。這個機會不是我主動爭取的,而是它自己來到我面前,接著我又眼睜睜看著這個職位落到一個比我年輕 20 歲,工作經驗只有我 1/4 的男人手中。

　　我當時既憤怒又沮喪,坦白說還有點尷尬,但最後終於知道自己為什麼錯過這次機會,不是因為我做得不好,而是因為我做得太好了。我的團隊為奇異與 NBC 環球集團賺*非常*多錢,USA 電視網是當時有線電視頻道的冠軍,我們的獲利超過更知名的廣播頻道兩倍以上。我負責的 USA 電視網和科幻頻道是公司招牌搖錢樹,他們想要盡可能長久地繼續從中獲利。

　　這個理由無論當時或現在,都無法減輕我失去這個職位的痛苦。事實上,這個原因反而讓我更難受。我再也無法確定這是否與性別歧視有關,或者他們單純只是想找一個外部人員來改變現狀。我只知

道，我的電視台原本應該以優秀表現讓我得到最大的獎勵，卻反而讓我感覺像是受到懲罰。

然而，儘管我沒有得到那個我渴望的高位，但我知道我仍然具有影響力。如果公司高層所說是真的（我相信確實如此），那麼他們應該真的不想失去我，他們真的負擔不起這個風險。所以當我的合約到期要續約時，我故意拖了大半年的時間，一直到我的薪水幾乎翻倍才簽字。這時，我才利用我的影響力去爭取我真正想要的：從無到有創立一個有線電視製作工場，也就是環球有線電視製作公司（Universal Cable Productions, UCP）。

許多人以為電視頻道或電視台從一開始就會全程參與節目製作，也就是他們要負責看劇本、找編劇、搭片場、挑演員，及處理其他各式各樣的工作。然而，實際情況通常並非如此。這些工作通常是由製作公司負責，電視台往往只會在節目被核准之後才介入，有時甚至是整個節目都拍攝完成後才加入。電視台基本上是在尋找適合播放的節目內容，不一定會親自參與製作。即使電視台決定「購買」並播放某個節目，實際上也只是在租用。大多數情況下，製作公司會保有版權，節目最終仍屬於製作公司並會回到製作公司手中。

當時，USA 電視網、科幻頻道，以及所有 NBC 環球集團的其他有線頻道都沒有自己的製作公司來製作頻道內容。如果我們有節目構想，我們可預期的最好情況就是已經有製作公司在製作類似的節目，或是製作公司喜歡我們的構想，願意與我們合作。所以，我提出了創

立製作公司的要求。如果我要留在有線電視業，我希望能從頭開始全程參與製作過程；如果我要留在有線電視業，我希望我的電視台擁有更多力量去開發並擁有最終播放的節目，畢竟我們對自己品牌的瞭解遠比外面的製作公司更透徹；如果我要留在有線電視業，我就希望製作出最棒的節目，並且讓我們的事業在這個過程中有更好的獲利。

我是在其他地方受挫之後才提出這個要求，但它卻成為我最成功的構想之一，為我、我的團隊和公司帶來豐厚的聲望與財富，環球有線電視製作公司也在業界獲得「演員新秀首選製作公司」的美名。

因為沒有得到廣播電視的工作而留在有線電視，反而成為我人生最棒的事情之一。我有時想到如果當初得到那個廣播電視高層職位會如何，就會不寒而慄。優點是這個職位確實具有深厚歷史及象徵性意義，也因此備受矚目；但缺點是，將有更多人關注我，讓我無法再像過去一樣自由發揮創意和創新。事實上也是如此，當時有線電視正在崛起，幾乎不受到限制，而廣播電視雖然仍處主導地位，但已開始走下坡，只是當時我和其他人都還沒有意識到而已。如果我從有線電視轉戰廣播電視，我的事業能倖存並蓬勃發展的可能性就會大幅降低。

在我的領導下，有線電視業務為 NBC 環球集團帶來非常豐厚的利潤，也是當時公司最賺錢的部門。因此，幾年後，我終於進入公司管理高層，擔任有線娛樂事業的董事長，負責監管 12 個頻道，包括 USA 電視網、科幻頻道、精彩電視台、E！娛樂電視台（E!）、氧氣頻道（Oxygen）、G4、風格電視網（Esquire）、萌芽電視網（Sprout）、

時尚電視台（Style）、環球兒童台（Universal Kids），並同時管理兩個有線電視製作公司，這是我自己都沒想過的夢幻工作。

那個搶走我廣播電視台工作的人呢？他不到兩年就出局了。

無論是因為我同意一場爭議性的行銷活動而出包，還是我沒有得到想要的職位，這兩次「失敗」表面上看似沒有太多相似之處，卻有一個重要的共同點，也就是在這兩種情況下，我都被迫接受一個我不喜歡、也不會選擇的事實，並將它轉化成更好的結果。在這個過程中，我明白失敗僅是單一事件，而不是主要事件，更*絕對*不需要成為我的標記。

在最近的領導力課程中，我學到一個名為「3 個 What（What? So What? Now What?*）」的架構，才發現自己其實早已在職涯中運用這個方法很久了。無論何時情況出現問題，不論是否在我的控制範圍內，我都會接受事實，弄清楚事件的影響以及這個錯誤或失敗對我的意義，絕不加以粉飾。接著，我會問自己，接下來我該*怎麼做*，未來的方向在哪裡。

因為，*永遠都會有前進的路*。

---

* 譯註：「3 個 What」由 Terry Borton 於 1970 年代提出用於引導團體的技巧，後來延伸應用於醫學，此後成為一個簡單有效的反思、學習與溝通的方法架構。第一個 What 是指釐清現況與事實；第二步 So what 是從事件中分析、建構意義並得出見解；第三步 Now what，則是將所學的訊息應用在之後的行動中。

ᴄ⁓ 搞定它

成功的秘訣並不是避免失敗，而是接受失敗是難以避免的。如果我們還沒有失敗經驗，可能是我們冒的險還不夠。所以，要迎接那些可能會失敗的機會，試著挑戰公園裡的攀爬架和工作上的難關，並學著適應摔倒。當妳摔倒時，不要將一次失足視為失敗，畢竟，總是有機會再重新來過。這些挫折並非終點，妳反而可以也應該要將它們當作重新再造、重新嘗試、重新定向和重置的機會。

所以……

重新詮釋「失敗」

失敗常被視為嚴厲的指責，我認為它是最糟的「F 字*」。它意味著終點或「比賽結束」，但除非妳死了，否則總會有重新開始的機會（雖然也有些人相信仍有機會重新來過）。妳的失敗可能只是挫折、疏忽、出局或衰退，然而除非妳自己選擇接受，否則它不會是妳旅程的終點。如果妳不願意放棄，這些經驗反而對妳有好處，更有益於妳的成長，甚至能成為驅策妳前進的動力。

重新詮釋妳犯下的錯誤、妳該負責的混亂局面，以及妳遭受的拒絕。那些並不是妳個人的反射，而只是妳曾做過（或沒做過）的事。

---

* 譯註：一般 F-word 是用來代替髒話 Fuck，在此作者取失敗（Failure）同樣為 F 字首來表達這個字對人們來說同樣惡毒。

改變妳思考和談論這些事情的方式，無論是對妳自己、家人、部屬、老闆、同事，還是朋友。最重要的是，這樣就能為接下來的一切定調。

重新檢視事件

當情況真的很糟（或很好）的時候，坦誠地重新評估事件過程是非常重要的，這是確保事情不會（或會）再次發生的唯一途徑。因此，誠實面對情況，即使是最不堪的一面也不要忽略。即使妳並非故意，也去看看妳是如何把事情搞砸的；即使妳無法阻止事情發生，也去思考妳是否能預見結果。弄清楚是否有任何因素可以改變局面，並尋求其他參與者的觀點，他們可能會看見妳沒注意到的細節。

這樣說，別那樣說

是時候將失敗的語言換成勝利的詞彙了：

- 我失敗了 → 我學到新東西
- 這是在浪費時間 → 這是一次寶貴的經驗
- 我總是不擅長此事 → 我需要更多練習
- 這太難了 → 這很值得挑戰
- 我犯了一個錯 → 我發現一個行不通的方法
- 我做不到 → 我還做不到
- 我是失敗者 → 我可以再試一次
- 我永遠無法達成目標 → 我還在為達成目標而努力
- 我又搞砸了 → 我需要再試試其他方法
- 我就放棄吧 → 我會找出繼續下去的方法

迅速回應

當妳把事情搞砸時，時間才是重要關鍵。無論是妳在工作上造成的災難，還是妳在個人生活中引發的混亂，愈快道歉、承擔責任、彌補過錯並重新出發，留給別人反覆思考妳錯誤的時間就愈少，也會給他們更多時間去專注於妳已經改正錯誤並重新出發了。妳拖得愈久，挖的洞就愈深。與其自怨自艾、陷入絕望，不如盡快採取行動，讓自己能繼續前進，並慶祝新的開始。

重新思考妳的行事方式

無論出於什麼原因，如果事情失敗了，妳的直覺可能是妳要辭職。別急，妳應該先反思妳的行事方式，並考慮是否要改變做法。也許會涉及到妳如何管理團隊或與老闆溝通的方式。也許妳可以推行新的流程，例如所有行銷噱頭都先取得法務部門同意。也許妳要抑制立即做出反應的衝動，花點時間冷靜，並重新提出替代方案。也許妳應該要開始將自己的直覺與信任的同事分享，看是否會引發任何警示訊號。無論如何，失敗至少可以提醒妳，沒有人是絕不出錯的，妳的直覺、想法和方法也同樣可能會出錯。

雖然事後反思可能需要妳謙虛地承認自己的錯誤，但這並不會讓妳顯得軟弱。在經歷某次失敗後，自我懷疑可能反而對妳有益，並提高妳實現勝利結果的機率。此外，謙虛的態度也會隨著時間推移，讓周遭的人對妳留下深刻的印象。

察言觀色

管理勝敗最重要的規則就是幾乎沒有固定的規則。對某個情況有效的方法，在另一種情境可能無效，而適用於第三種情境的方式可能又不適合第一種情形。如果事情出錯了，或者只是沒有依照妳的預期發展，原因也許只是妳所處的環境不同。公關噱頭可能非常巧妙，但妳所處的企業環境或文化可能難以容忍。所以，觀察周圍情勢，注意人事物，並學會察言觀色。

修正意圖

與其單純重新再試一次，何不試試其他選擇？以全新視角重新審視原本的問題，從新角度去思考進退兩難的情境，尋求更多建議，替換資料，並重新制定備案計畫。如果妳已經輸掉第一輪談判，試著在下一輪談判將重點放在其他事情上，或是乾脆提出完全不同的要求。找出另一扇門。如果門推不動的話，就試著打開窗戶或拆掉一面牆。

認清妳還擁有什麼

事實上，妳無法永遠得到妳想要的，或是依妳的方式進行，但這不代表妳一無所有。沒人能奪走妳的根基，即使它最終會成為另一番事業的基礎。當妳覺得失去寶貴的事物，或是覺得自己永遠無法從重大失誤中恢復時，認清自己還擁有什麼。列出妳在職涯中獲得的經驗、成就、人脈與技能。即使妳渴望的機會會消失，但這些資產依舊

存在。然後試著找出妳仍具備的優勢，無可比擬的業績紀錄、培養已久的客戶關係、擅長的工具、對妳極為忠誠的團隊，甚至是其他挖角妳的工作機會。妳不一定馬上需要用到，但認清這些優勢的存在能讓妳重新振作、重新出發。

新定義勝利

贏家*並非*全拿，差得遠了。通往勝利的道路不止一條，成功的定義也不止一種，這只是取決於觀點和優先順序。如果妳沒有得到原本想要的，就挑戰自己找出其他三種可以讓妳快樂的解決方案，並試著朝這些方向努力。大多數將挫折轉化為成功的人，無論是創業、產品、創意努力、公司或職涯，通常最後往往會得到他們從沒想過的成功戰利品。大膽思考，跳脫框架，保持正面思考。（記住，有時候勝利就只是拒絕輕易終止或讓步。）

⌒ 結語

勝利不代表一切，懂得如何面對失敗才重要。無論是個人生活或工作，不論是我們的過錯或完全出乎意料的事情，總是有機會能夠翻轉情勢，將挫折轉化為邁向成功的墊腳石，將短期或中期的失敗轉變成長期的獲益。弄清楚這種轉變的方式也許無法讓我們一夜之間成為成功的典範，但可以讓我們變得更有趣、更有韌性，這讓我們更接近人生的目標，而這也是達成目標後真正重要的事。

14. 不要把工作和玩樂混為一談／只工作不玩樂讓人變笨

我們被告知：「不要把工作和玩樂混為一談」

儘管全國的人資部門都努力不懈，職場上依然沒有一個客觀且全面的行為準則清單，很可能永遠都不會有。畢竟，要預測每種職業的情境並制定嚴格的規定來管理，根本是不可能的事。因此，我們被教育要採取最佳判斷，並傾向謹慎行事以避免犯錯，方法之一就是保持公私分明，避免將工作和玩樂混為一談。既然我們不想要越界，為何一開始要模糊界線呢？

事實：「只工作不玩樂讓人變笨」

如今，「將工作與玩樂結合」通常只是人們將職場視為個人遊樂場這種不當行為的委婉說法。從同事或上下級之間的性關係或情感關係、不受歡迎、單方面且令人不適的舉動，到下班後過多的喝酒聚會，這種「玩樂」有時是輔導級，有時是限制級。

讓我明確地說清楚，無論是實體、線上，還是其他形式，這些都不該發生在職場中。這類「享樂」不該出現在工作中，這會毒害職場文化。

然而，享受工作、建立和維持友誼，並得到真正的快樂，才應該

是屬於職場的玩樂類型,也應該要與工作混為一談。這對健康的職場文化來說是非常重要的。

鮑伯·尼爾森(Bob Nelson)曾在《哈佛商業評論》(*Harvard Business Review*)中表示,人們終其一生的工作時間超過 9 萬小時,一般人每週會有 1/3 的時間在工作,而 56% 的美國人花在「工作家人」的時間比花在他們真正家人身上的時間還多。享受與同事相處的時間對員工和雇主來說都是好的,亞里斯多德在他的時代曾說過許多智慧名言,其中最明智的應該是:「工作的樂趣能成就更完美的工作成果」,研究資料也支持此一論調。

首先,就統計資料來看,有趣的工作場合就是好的工作場合。每年《財富》雜誌(*Fortune*)都會發布「全球百大最佳工作場所」,年復一年,這些公司大約 80% 的員工會形容他們的辦公環境很「有趣」,而不在名單上的公司員工則大約只有 60% 會如此描述。此外,這些有趣的工作場所會讓人壓力較小且較樂觀,進而提升工作動力與創意。

就職場語言來說,「文化」是一個包羅萬象的詞彙,用以描述組織中的價值、觀點及實務,並說明組織*如何*運作。在生物學上,文化這個字則有些不同,它是動詞而非名詞,用以描述在適當的環境裡培育生命成長的過程。不過,最佳職場文化也正是如此,可以協助我們成長。

有時候,成長發生在我們將職場關係延伸到職場以外的環境,看

它可以帶領我們走到哪裡；有時候，正是不願止於職場，才讓我們的工作得以進步。

男性在這方面經驗豐富。從歷史來看，將工作與玩樂結合一直是他們的強項。男性將高爾夫變成同事與客戶間的共同活動；他們不覺得在公司成立夢幻足球聯盟有失專業；他們會像《廣告狂人》（Mad Men）一樣在桌上放滿許多威士忌（現在或許是龍舌蘭）醒酒器；他們會毫不猶豫地在公眾場合勾肩搭背，來展現他們的兄弟情。

就歷史上來看，女性大多數時候並未擁有相同的特權。當我們在二戰時期開始進入職場，甚至到六七零年代，我們都不會受邀與客戶一起打高爾夫球，或是下班後跟同事喝酒聚會。就算偶而受到邀請，往往也僅是出於禮貌，因為我們幾乎都必須婉拒，趕回家為另一半和孩子準備晚餐。

時至今日，女性依然在兩個方向之間拉扯。雖然我們可能想放鬆自己，但往往因為擔心被認為不夠嚴肅而不願意卸下武裝（或甚至不願放下頭髮）。然而，我們也明白，如果不這麼做的話，會讓自己處在不利的局面。

如果有人告訴妳，他們去參加阿斯彭思想節（Aspen Ideas Festival）或達沃斯世界經濟論壇這類男性與會者是女性 3 至 4 倍的活動，純粹是為了工作，那一定是在說謊。即使他們的目的是要達成交易或開啟與某人的對話，無論是酒吧的歡樂時光、有趣的論壇和演講，還是社交機會等「玩樂」都是達成這些目標的重要手段。

所以我們應該要讓娛樂場合（或是高爾夫果嶺）與工作場合平等。如果企業文化裡充滿健康的樂趣和緊密的友誼，這樣平等的氛圍應該無所不在，而促進這樣的企業文化*對每個*人來說應該也不費吹灰之力。我們應該在工作場合之外多認識彼此，學著將同事視為完整的個體，而不是埋頭苦幹的工作機器；我們應該在工作中追尋樂趣及成就感，而不是一到傍晚 6 點就迫不及待下班。

然而，實際情形卻正好相反，職場友誼愈來愈少。超過 20％的美國人表示他們在職場上沒有朋友，近半數人承認沒有「真正的朋友」。*超過*半數的人因為同事而對工作不抱期待，1/3 的人不信任同事，許多人都對他們共事的同事毫無連結感。難怪員工的向心力、滿足感和幸福感都創下歷史新低。

什麼原因造成這樣的局面？其一是因為現在人們在單一公司的工作時間已不像以前那麼長，這會降低他們在工作中建立長久個人關係的意願，並讓他們轉向其他地方尋求同伴與樂趣。

接著，MeToo 運動對全球幾乎所有產業都造成衝擊，引發文化覺醒和企業文化的轉變。不僅需要打倒那些壞男人（對，男性占絕大多數），也必須拆解賦予男性這種權力的體制。迅速重新制定職場行為與人際關係的管理準則，目的是讓職場成為適合每個人工作的地方。

從各方面來看，這些目標都達成了。感謝老天。如今，某些特定行為的後果都已明確規定，舉報騷擾和職場霸凌不再是禁忌，因性別引發的不當行為也確實不再如此頻繁發生。

然而，當我們過於專注哪些行為*不被允許*或*無法容忍*時，卻忘了討論人際之間*可以*及*應該*如何互動。雖然那些規範非常重要，但職場新人手冊卻忽略了職場裡那些意圖良善、想把工作做好的多數人，他們明白與同事建立牢固的關係對完成工作來說非常重要。由於沒有可遵循的正面典範，也找不到理想的平衡點，因此，即使人力資源部門並沒有明確要求，大多數的人仍會覺得他們唯一的選擇就是在工作與個人生活之間築起一道牆。

這會造成什麼結果？在某些產業中，現在的企業文化主流變成只有工作，沒有娛樂；只談工作，不談個人。這樣的工作環境充滿恐懼與不信任，而同事情誼、溫暖、歡樂，甚至展現脆弱和開放的態度，都被視為風險。人們不僅沒有打破與同事之間的藩籬，反而築起更多障礙。為了保住工作，他們必須保持距離，盡量簡潔冷漠地處理事情。

疫情則讓這個現象愈趨惡化。如果在 2017 年教會我們不能將工作與玩樂混為一談，那麼也許 2020 年的教訓就是，這樣做根本沒有必要。隔離辦公環境並失去任何互動的可能性，員工可以輕易地將工作單純視為交易，而忘記投入更多自我所帶來的價值。如果工作只是個動詞，而不再是個具體地點，誰還會需要職場友誼或工作樂趣呢？

答案當然是我們都需要在工作中與他人建立連結並享受樂趣。當我們的生活、工作、感情和熱情能和諧共存時，一切都會變得更美好。如果我們在職場上既能交到朋友又能找到樂趣，就會更願意繼續工作；如果我們將工作結合適當的樂趣，工作本身就會變成一種享受。

↝ 我的視角

在我負責營運 NBC 環球集團的有線娛樂事業群期間，集團總部流傳著一個笑話，說有線電視是狂熱崇拜。我們會一起參加公司會議、一起旅行、下班後一起吃晚餐，還會在漫長的簡報後一起喝酒慶祝（或互相安慰）。除了狂熱崇拜，還有什麼其他說法可以解釋我們對彼此的忠誠、對工作的投入、似乎總是非常快樂，以及我們所有人都想留在公司，沒人想離開呢？

我是這麼跟另一位高層主管說的：「我喜歡這個理論，不過應該它少了 3 個字母，我們成功的秘訣不是狂熱崇拜（cult），而是文化（culture）。」那麼，這種文化的秘訣是什麼呢？就是將工作與玩樂結合，而且是大量的玩樂。我們努力工作，也努力玩樂，讓工作變得像是個人生活一樣。

成為 USA 電視網總裁後，我啟動電視網的轉型。不過，我深信那次企業轉型成功的關鍵在於我們*背後的*團隊與企業文化，也就是讚揚並重視合作和溝通，以及最重要的，把工作做好所帶來的滿足感和工作過程中的美好時光。這種讓 USA 電視網在螢幕上脫穎而出的特質，同樣讓我們團隊無論在螢幕外或離開拍攝地點，也不論攝影機有沒有在拍，都能獲得成功。

就像我們推出的節目，我們的企業文化也是以人物為中心。在我們的團隊裡，專業職能是必要的，但沒有人需要做到完美。事實上反

而相反。我們期待也尊重電視網裡的每個成員都是真實的個體，會有瑕疵、憂慮和其他人性。我們大多數人花在工作上的時間都比待在家裡的時間長（產業特性），工作時間長到我們沒有精力在辦公室裡裝出虛假的樣子。因此，我們都開放且真誠地對待彼此，無論是工作還是個人生活（從孩子幼兒園畢業，到另一半要動手術），我們都投入全部的自我。

這樣的透明公開形成深厚的信任感，而這個信任感是一切的基礎。身為領導者，我完全反對「孤島效應」。在 USA 電視網，我會確保打破這種情形。如果我們要決策是否開發或核准某個節目，所有的一級主管（從行銷、節目編排到廣告業務）都必須讀過劇本並參與選角討論，即使這些完全不在他們的工作範圍內。

這種合作對於消除我們的盲點來說非常重要，也能更精準地預測觀眾反應。然而，這種模式之所以能夠奏效，是因為我們對彼此非常瞭解，知道彼此的強項與弱點，讓我們能更理解各自的立場，即使在意見分歧時，我們也能懷抱善意去看待對方。

意見分歧是很常見的，在電視業這個高壓的世界裡，要和諧共處幾乎不可能。我們會為任何事爭論，從廣告看板的主題色，到節目的上檔時間安排。不過，我們可以一邊喝著一瓶（或兩瓶）紅酒一邊爭論至深夜，隔天早上仍然帶著笑容回到工作崗位，覺得自己在這個過程中完成很多事，而不會厭惡這個過程。在關鍵時刻，我們始終站在同一陣線，無論是公開場合或面對媒體，我們都會表現出團結一致，

絕不揭露個人隱私。（在我看來，這是足以被開除的冒犯行為。）

　　就像我們節目塑造出的角色，我認為我們都是非常討喜的，我的意思是，我們真的都很喜歡彼此。我們會先看到對方本身，接著才會看他的同事身分。我們會一起慶祝生日和婚禮；我們會支持彼此的成功，就像觀眾也會支持每週觀賞的節目主角一樣；當發生問題時，我們會對彼此坦誠並信賴對方，不限於工作上的問題，還包括生活中的困擾，這讓我們能真心地接受建設性回饋，而不會因此動怒；我們知道這是為我們好，就會把它視為朋友的建議，而我們的團隊確實就是朋友。

　　此外，就像我們的節目一樣，我們的預設模式也是「戲劇」，再加上多一點幽默。我們對每個執行的專案都無比熱情；我們會負起責任，就像它主宰我們事業的命運一樣，每個專案也確實都有這樣的影響力。這表示我們認真看待我們的工作，但我們不會讓*自己*太嚴肅。在年終的那幾週，我會騰出早晚通勤的時間，用來寫兼俱吐槽和致意的打油詩給我的每位一級主管（有時會再包含他們的下一級主管），接著我會在我舉辦的年度節慶晚會中現場表演這些內容，也讓大家有機會可以吐槽我的表演。

　　這樣很傻嗎？當然傻。不過，前一晚在非正式的歡樂時光裡腦力激盪出的想法，讓我和幾個同事戴著美式足球頭盔去和 NBC 環球集團的總裁開會，並向他提出為我們的電視網增加一大筆預算，也一樣很傻，（我們知道自己會處於防守狀態，需要保護自己和我們的想法，

不能被擊倒。）而這份愚蠢，正是重點所在。

我們無法預測對話的走向，但能確保它從笑聲開始。幽默讓人放下心防，而這個做法也確實成功了。我們拿到預算（還有很多笑容）。

無數研究顯示，笑能帶來許多益處，尤其是在職場上，笑能激發生產力、協作能力和創意。日本和挪威的研究人員甚至相信，笑能讓人更長壽。如果他們的理論屬實，我在 USA 電視網的團隊成員可能有機會拿下金氏世界紀錄的最長壽人瑞。

此外，還有我們藍天氛圍的傳統，這同時也是 USA 電視網影集的招牌特色之一。如果情況允許的話，我們真的會在戶外的藍天底下拍攝。從東岸到西岸，USA 電視網的企業文化都保持正面積極並互相支持，我們的視角也總是充滿樂觀向上的精神。即使面對陰霾天氣和暴風雨般的困境，我們依舊保持樂觀精神。當我們受到挫折時，例如節目失敗、預算縮減或搞砸生意，我們不會加以粉飾，但也不會沉溺其中。畢竟，若能與他人一起分擔失敗就沒那麼可怕。在我們高度合作的文化中，每次失敗（和每次成功）都由團隊共同承擔，這也表示我們不會面臨足以令我們癱瘓的重大打擊。

我們不會在下班後直接獨自回家，而會一起到總部頂樓（或是21 樓專用會議室）喝一杯。我們會為「敬我們的勇敢嘗試！」或「我想我們那次嘗試是在挑戰命運吧！」而舉杯慶祝。只有在喝下幾杯酒後，才會比原本更加振奮地各自回家。

因為我們尊重並關心彼此的生活，所以即使做出很糟糕的決策，

也不會因此就給一個人貼上標籤，更別說是整個團隊了。我們不會互相指責，反而會問自己從中學到什麼，如何在下一次做得更好。我們能迎接任何挑戰，因為無論什麼事我們都會一起面對。

我們的文化把相處融洽並享受工作樂趣（也就是玩樂和開心）視為工作的重要關鍵，這不僅能提升觀眾的忠誠度，也能提高團隊的忠誠度。在我任職 USA 電視網期間，即使在情勢變得艱難時，也僅有極少數資深員工離職，原因就在於同事之間建立真正的情感連結時，他們對工作也會有更深的認同感，而當他們可以在工作中找到樂趣時，自然就能真正享受工作。

因此，當我的管理範圍擴展至 NBC 環球集團的有線娛樂事業群時，我也將工作結合玩樂的文化一起帶進來。當時，我除了負責 USA 電視網，也監管科幻頻道、E！娛樂電視台、精彩電視台、氧氣頻道、風格電視網、萌芽電視網和其他幾個小頻道，還有兩家製作公司。我的核心團隊擴大了，整個工作團隊也長得更大，但我們仍然一起努力工作、一起旅行、一起歡笑、一起哭泣，成功時為彼此喝采，工作不順利時彼此互相打氣。

雖然我沒辦法認識兩千多人大團隊中的每一位成員，但可以確保他們擁有足夠的機會，透過團隊的外出活動、節慶聚會，或是洛克斐勒中心溜冰場的社交活動來認識彼此。我甚至發起一個名為「鎚子大賽」的員工夏季奧運會，包括運動競賽、接力賽跑和知識問答，並在洛杉磯海灘和紐約中央公園兩地舉辦這個活動。

我不僅不會阻止職場友誼越過工作範疇，反而一直期盼並積極促進它的發展。我們不會因為團隊成員愈來愈資深而變得更嚴肅，反而更要確保大家依然能在工作中得到許多樂趣。我全心相信並且知道，這麼做只有好處。

果然，正如 USA 電視網成為有線電視圈的珍寶，有線電線也成為 NBC 環球集團的珍寶。我們曾創造出一年近 30 億美元的純利，成為公司最主要的業績來源，而全美國有 1.29 億觀眾每週收看我們的頻道。

這樣算不算是成功的生意？

⌒ 搞定它

現今大多數公司文化不鼓勵將工作與玩樂結合，顯然是因為人們不清楚該如何平衡其中的元素。我們有管理職場行為與不當舉止的規則和辦法，但通常那些規定只告訴我們不可以或不應該做哪些事情。

然而，人們更需要的是明確正向的準則，能夠經得起時間的考驗並解決公司文化中的棘手問題，告訴我們可以做或應該做哪些事情。以下是我的企業文化十誡。

所以……

一、以身作則

妳不必擔任主管，也能以身作則影響職場文化。無論妳在組織中

的任何層級或任何職位，只要從自己開始身體力行，就有助於引領改變。如果妳重視開放的溝通，那就直率地與他人交流；如果妳重視坦誠的脆弱感，那就在面對挑戰時開口向同事求助；如果妳追求當責與誠實的文化，那就在犯錯時及早承認錯誤；如果妳重視合作（妳應該要重視），那就想辦法找機會與其他部門合作，請同事對妳的提案給予回饋意見，或是主動為他們的工作提供不同的觀點；如果妳想在歡樂的環境工作，那就當個快樂的泉源，適時地開個玩笑、跟同事一起去員工餐廳（或先預約會議室）共進午餐，而不是在自己的位置上吃飯，或者用杯子蛋糕給妳鄰座的同事生日驚喜。

　　無論妳是高階主管或是高階主管的助理，妳的行為反映出妳的信念，而這將會為他人樹立榜樣。因此，實踐妳的信念，宣揚妳的行為，以身作則。

老闆會奠定或破壞文化

許多高階主管都會仔細閱讀《哈佛商業評論》或員工調查的最新結果，卻往往忽略一個關鍵：身為組織裡最高調、最受矚目的員工，他們理應肩負打造工作文化的責任。他們的行為往往比言語更具影響力。我的前老闆傑夫・佐克正是因為這個原因，才會花時間在每張員工的生日卡片上親自簽名。

二、瞭解自己

　　這是我從深諳其道的人那裡學來的：如果妳和同事的價值觀一

致，就能更享受工作。雖然沒辦法在接受工作邀請前就先認識所有人，但妳可以對未來的雇主先做一點研究。他們更重視獨立自主、主動積極的人，還是強調團隊合作互相學習？員工是準時 5 點下班，還是下班後會留下來聚會？是否有員工旅遊、節慶聚會或團隊外出活動的文化？試著瞭解他們倡導的價值觀與妳的價值觀是否相符。如果不一致，那麼妳很可能會在這樣的公司文化中顯得格格不入；但如果一致，妳或許能遇到一些志同道合的同事，因此讓工作經驗更有意義。

價值觀到價值

雖然不會有兩家公司擁有完全相同的價值觀，但成功的公司會有一些共同的價值觀，因為某些價值觀對於打造良好的業務與出色的企業文化來說，至關重要。

・當責	・誠實
・適應力	・謙虛
・承擔計算過的風險	・幽默
・協作	・領導力
・溝通	・學習
・合作	・開放
・創意	・樂觀
・好奇心	・團隊合作
・彈性	・透明公開
・樂趣	・信任
・成長	・坦率展現脆弱

一旦妳接受了某個職位，要確定妳知道公司對妳的期待、可以做的事有哪些，以及哪些是禁忌。工作中的錯誤、失敗和溝通不良通常來自對工作文化的錯誤認知。如果妳瞭解妳的老闆，把事情搞砸的機率就會降低。

為什麼應該重視價值觀

如果解決問題的第一步是承認問題的存在，那麼改善公司文化的首要原則就是確定妳擁有明確的公司文化，並不是每個公司都具有企業文化。認為企業文化存在或者等於公司使命、宗旨或目標，是一種錯誤觀念。事實上，企業文化體現在妳的價值觀，或是公司員工如何將價值觀付諸實踐於工作中。因此，在採取行動前，先建立這些價值觀，並清楚地向公司員工佈達。確保價值觀清楚地存在某個地方，無論是在網路或茶水間的佈告欄都可以。這樣一來，每個員工都能明白，沒有人能將「我不知道」當成藉口。而且，要持之以恆。妳不能期待員工在根本不知道公司要求的情況下，依循這些價值觀行事。

三、瞭解妳的員工

我在工作中交到很多好朋友，即使我或對方離職，我們依然保持聯繫，因為我們關心彼此，而我們會關心彼此，是因為我們不僅在工作上有交流，也瞭解彼此的生活。這會讓工作更有趣也更有意義，不管是在日常工作中，或是回顧這些回憶的時候都是如此。所以，和妳的同事交朋友吧。瞭解他們的嗜好、生日和紀念日，還有他們支持哪個球隊；約他們喝咖啡，聊聊他們的家人、背景和目標；恭喜他們的

孩子畢業，如果妳受邀參加孩子的慶祝活動，就去參加。同時也要這樣與對方分享妳的生活，即使這樣做會讓妳感覺脆弱，別害怕對別人敞開心扉，也不要相信工作上的朋友不能成為生活中的朋友這種錯誤觀念。就我自己的經驗，有些最好的朋友往往是這樣來的。

深入瞭解妳的團隊

作為老闆，最重要的事就是瞭解妳的團隊。畢竟，如果不瞭解他們的優勢和弱點、個性和重視的事、欲望和需求、希望和恐懼，妳就無法為他們創造成功途徑。如果他們無法成功，妳也無法成功。妳的團隊同樣也應該要瞭解妳，因為妳無法帶領不信任妳的人，而一個陌生人難以獲得別人的信任。

因此，放下妳的高傲，去認識妳的同事和部屬，沒有其他更好的方式可以同時瞭解妳的公司，並讓公司員工覺得受到重視。參加他們的午餐聚會，尋求他們的建議；「大門永遠敞開」的政策也許有點不切實際，但至少可以試著在辦公時間執行，看看誰會出現或能聽到什麼訊息；定期評估他們對工作的感受。妳的職位愈高，推動起來可能會愈困難（也許一開始還會有點不受歡迎）。然而，即使是透過妳的一級主管進行，當妳愈是努力推動，妳最終會愈受歡迎。如果妳希望員工不要只是做一個朝九晚五的工作，那麼妳就不能只把他們當成員工清冊上的一個名字。

四、自然地給予認同及讚美

說到工作，小小的認同能帶來長遠的影響。基本上，它能讓人們更開心，並為職場關係種下正面樂觀的種子，未來可以結出美好的果

實。因此，開始給予認同並讚美同事，無論是正式或非正式的形式都可以。當有人達成職涯的重要里程碑，就一起慶祝；當有人在客戶會議上表現出色，即使那原本就是他的工作職責，也不要吝惜讚美，讓他們知道妳注意到他們的表現。無論是在走廊攔住他們或是寫封電子郵件給他們都可以。將這些讚美也告訴他們的主管；如果妳是他們的主管，就將這些話告訴妳的上司。我在寫這本書時，我之前在 USA 電視網的研究部門主管聯絡我，分享當初在她做出很棒的簡報後，我寫給她的一張字條。我不記得這件事，但她告訴我，那是她 2015 年最精彩的一刻。

三個 R 關鍵：認同（Recognize）、獎勵（Reward）、留任（Retain）

這不僅是令人開心的戰術，對工作來說也很重要。公司若有定期對績效優良員工給予認同及獎勵的「高認同文化」，通常離職率會遠低於那些缺乏認同文化的公司。當人們覺得自己不受賞識時就會離開；但若他們覺得自己受到認可時則會更努力工作。如果在工作環境裡的感覺良好、覺得受到重視與賞識時，誰不想繼續留在這裡和這些同事一起工作呢？

老闆們：舉辦妳的「與邦妮的早餐約會」

我負責營運 NBC 環球集團的有線電視部門時，每月都會舉行早餐約會，

邀請來自各部門大約 20 位員工。誰不會被邀請呢？我下屬的一級主管或是再下一層主管，因為我們已經花很多時間相處，對彼此非常瞭解。我的目標是希望透過輕鬆的早餐時光，多認識一些我還不熟悉的員工，也讓他們多認識我。無論助理或副總裁，所有人都坐進會議桌，而我唯一的原則就是：會議室就像拉斯維加斯，無論誰說了什麼話都留在這裡，絕不外傳。我會先自我介紹，跟他們分享一些我的故事，過程中一定會加入一些我的小缺點，再跟大家分享電視網、頻道或製作公司裡，最近發生或者正在進行但他們可能還不知道的事。

接著我就會進入早餐約會的真正目的：認識他們並詢問他們的看法。我總會提問，「有聽到關於公司的什麼消息嗎？有什麼是不敢告訴我的？」最後總有人會勇敢開口，為所有人破冰。因為我贏得他們的信任，我會知道誰是還沒充分發揮的好主管（或誰不擅於領導）、哪些計畫被認為評價過高、哪些事讓他們快樂或無聊、他們是否有明確的目標、是否認為自己得到支持且覺得自己是團隊的一分子、有哪些事情做得很好但仍有進步空間，當然，也會知道他們最喜歡的新節目是哪一個。

五、除了披薩和乒乓，應該要做得更多

這現在幾乎成了一種滑稽的模仿。為了讓工作更有趣、更有向心力，公司和人力資源部門會採取最簡單的社交和娛樂方式，以為舉辦披薩聚會或在員工休憩區擺乒乓球桌就能解決問題。差得遠了。未來主義作家雅各布·摩根（Jacob Morgan）指出，類似這樣的短期解方就像施打腎上腺素，可以暫時提高士氣，但很快就會失效。

因此，如果披薩聚會是妳公司唯一所謂的「文化」，不要依賴它，妳可以做得更好。在新進員工入職的第一個月，邀請他們外出喝咖啡來瞭解他們的故事；或為妳的團隊舉辦歡樂時光，慶祝在時限前或預算內完成重要案件，並鼓勵大家攜伴參加。參與工作以外的生活，將有助於妳以不同的視角認識同事，打破工作與生活之間的那道牆。如果妳知道某位同事喜歡健行，而妳們又正好一起出差，那就在行程中安排健行活動；如果附近座位的同事電腦螢幕上貼了他們的狗狗照片，不妨主動開口聊聊他的毛孩子，也跟對方分享妳的毛孩照片。

　　將缺乏真正的職場文化歸咎於看似應該負責推動文化的公司高層很簡單，然而，即使妳是基層員工，也不必感到無力。如果妳希望在一個重視職場友誼的環境工作（妳也應該要重視），如果妳希望 5 年或 15 年後能說出「我在工作中認識這位一生摯友」，那就挺身而出，努力讓它成真。雖然看起來像是妳在替公司做他們該做的事，也許確實如此，但最重要的是，妳是在幫助妳自己。

別把計畫寄託在披薩上

如果妳的職場文化很薄弱，再多的免費披薩也救不了它。披薩聚會只有 1-2 個小時，而公司文化則關係到員工如何在工作中度過每一天、每一週、甚至每一年。沒人會討厭免費披薩（如果真的是免費披薩，而不是替代加薪的話）、社交活動、休閒活動和工作福利，但這些只是對工作環境的補充。

操作得當的話，這些社交活動、休閒活動和工作福利將會大大加分，讓

已建立的企業文化更加完善，讓這些基礎價值看起來更加一致，而不會顯得空洞虛偽。舉例來說，如果一個不關心員工福利的工作環境，卻在每個洗手間擺上精美的盥洗用品籃，反而會顯得諷刺、遲鈍，甚至有點羞辱人。然而，如果是一個持續重視每位員工身心靈健康的工作環境，同樣的盥洗用品籃則會進一步強化關懷的文化。一個公司活動的簡單原則：除非是在公司以外的場所或是晚上的節慶聚會，否則都應該安排在上班時間並由公司買單，且讓員工自由參加，因為被強迫的玩樂一點都不好玩。

六、關心彼此的事

將人們職掌以外的事情納入工作流程，可以強化團隊文化，讓每個人都覺得自己的觀點受到重視，也會更投入於全局，而不只是局部的工作。（這也讓任務變得更有趣！）這同時顯示妳重視對方的一切能力，而不是把他們當成只擅長某件事的工作機器。

因此，打破團隊、部門，甚至公司內的孤立狀態，將彼此視為潛在的合作夥伴，而非競爭對手。腦力激盪時，敞開心胸、邀請更多人參與；解決問題時，問自己最不想向誰求助，然後去尋求他的協助。不要傲慢地認為自己懂得最多，或是認為妳知道誰最懂。最重要的是，丟掉「只管自己的事」這個想法，記住：讓別人參與妳的工作，才是*明智之舉*。

建造更大的廚房

與一般的認知相反，沒有「廚房裡不能有太多廚師」這回事。在我看來，反而是人愈多愈好。最好的提案、劇本、研究、行銷活動，甚至是時程安排，往往是所有利害關係人分享觀點與專業的成果。這樣的合作方式也會讓溝通更開放、順暢，並且沒有個人主義的干擾，有助員工在犯下錯誤前先發現問題，並能在問題出現時迅速因應。鼓勵這種方式吧。

七、坦白直言

信任是所有美好關係的基礎，特別是要將職場關係轉化為個人關係時更是關鍵。而信任是在各種時光中建立的，尤其是艱難時刻的透明與坦誠更加重要。當有人尋求妳的回饋意見，坦誠地告訴對方（並且保持尊重）；當妳因某事而沮喪，主動展開對話，及早解決，避免問題演變成連鎖反應或雪球效應；不要消極被動地期待事情自然過去。欣然迎接有建設性的衝突，不要害怕。

發生問題時，無論是妳自己犯錯，還是聽到一個不確定是否應該傳遞出去的壞消息，都應該坦誠面對。不要等待之後再分享資訊，無論是業界的普遍困境或是公司的特殊狀況，都要及早坦誠面對，並邀請其他人一起討論解決方案。最理想的情況是，他們可以幫忙解決問題（或至少停止問題惡化）；即使無法解決，他們也會感激妳沒有隱瞞這場即將到來的風暴，而你們也會一起為接下來的挑戰做好準備。

八、歡迎碰撞

任何曾在辦公室工作過的人（我知道現在並不是每個人都在辦公室工作）都熟悉這種感覺，妳跟同事待在茶水間、座位上或辦公室裡，聊一些私人話題。這不是事先約好的，但妳會漸漸深入討論。這時如果有人（通常是主管）經過，妳們兩個就會急忙跑回去工作，彷彿剛剛做錯什麼事。但是，如果我說妳其實沒有做錯事呢？如果我說，這件長久以來認為會讓工作分心的事情，其實對工作有益呢？

聽我說，這些互動稱為「碰撞」，這是同事間建立人際關係的基礎，而這種關係則是工作的重要基礎。確實這些互動通常都從閒聊開始，而「閒聊」不應該背負惡名。（芝加哥大學心理學家尼可拉斯·艾普利〔Nicholas Epley〕指出，愈常閒聊會讓人愈快樂，甚至對內向的人也有相同效果。）隨著時間推移，這些閒聊會自然而然轉變為更深入的話題，進而發展成真正的人際關係。所以，像個碰撞測試假人一樣，勇敢面對這些碰撞吧。

九、發起中場休息

無論妳有多喜歡工作，如果不適時休息，最後都會討厭它。如果一直工作而沒有娛樂，妳遲早將會精疲力盡。不過，認為除非是同時逃離同事，否則無法暫時脫離工作的想法很可笑，這個想法也會強化工作與生活必須分開的概念，而長期來看，公私分明只會造成傷害。因此，發起*與*其他人一起中場休息，和同樓層的其他同事一

如何在遠端工作世界建立連結

妳的工作完全遠端，那又怎麼樣？即使是在線上，而不是在線下，還是有很多方法可以與同事互動，並將工作結合玩樂。

- 參加 Zoom / Teams / Webex 線上會議時，提早幾分鐘上線，會後再多留幾分鐘，這是閒聊的絕佳時機，最類似在辦公室茶水間的偶遇時刻。
- 發起線上讀書會（或烹飪社），與同事在同一週讀書（或做菜），再一起視訊討論。
- 邀請同事一起視訊喝咖啡，放鬆一下。更棒的是，等到下午 5 點後，妳們還可以一起喝杯紅酒。
- 如果公司裡有人和妳住在同個城市，無論對方是什麼位階，都試著約對方碰面！一起喝杯咖啡，或在午休時間一起散步。
- 如果妳的工作環境是混合型，試著約同事在同一天進公司，並安排中午一起用餐。
- 向公司的人資部門建議舉辦冰淇淋活動＊或貝果早餐會。

起外出用餐或喝咖啡，或者一起參加健身課程恢復活力。即使妳通常自己安靜地去公園散步，試著約同事一起去。相信我，這會讓妳回到工作時更加輕鬆愉快，並且讓妳知道職場中有可以信賴的夥伴。

如果妳發現有同事看起來壓力過大，看起來很需要休息一下的話，別猶豫，約他們和妳一起來個「中場休息」。

＊ 譯註：冰淇淋活動（Ice cream social 或 ice cream party）源自 18 世紀的北美，教會或學校會在歡迎活動以冰淇淋招待客人，讓彼此互相認識。

十、假設最佳狀況

在職場上，樂觀應該要像辦公桌一樣普遍。正向思考有許多優點，看待光明面也有許多好處。不僅讓我們更快樂、更健康、更有生產力，還能幫助我們看清楚情勢全局，帶領我們找出可行的解決方法，提升解決問題的能力。這不是過度樂天，而是基本常識。如果我們認為某個理想結果是可以實現的，我們就會更願意投入所需的時間與資源來達成目標。相較於悲觀主義者更是如此，心理學家邁克爾·夏爾（Michael Scheier）在 2012 年《大西洋》（*Altantic*）雜誌訪問中表示：「他們面臨問題時，往往會選擇否認、逃避和扭曲現實。」也就是說，假設最壞的狀況將會讓妳表現得更糟。不確定的時候，不要一直將情勢災難化，而應該假設最佳狀況，並依此投入努力。

至於其他人的言語和行為，也同樣採取樂觀假設。好的工作環境裡，信任一開始就存在其中，並在每一步的過程中持續加深。然而，即使信任並非自然而然產生，妳的直覺也應該信任對方。如果妳能正面看待負面回饋，相信別人是出於善意，為了讓妳變得更好，那麼妳的工作表現會更好，協作能力更佳，甚至因此得到成長。相信有其他人在背後支持妳，而不是擔心有敵人要對付妳，也會讓妳在夜裡睡得更安穩。

如果千里之行始於足下，那麼邁向更好的職場文化就應該從微笑開始。正如耶魯大學社會學家尼古拉斯·克里斯塔基斯（Nicholas Christakis）醫師所言，樂觀是「集體現象」，它確實具有傳染力。

⌒ 結語

在現今的「新常態」中，將工作與玩樂結合似乎變得極度不妥，這是因為這句話被一些惡意行為濫用，導致立意良善的其他人無法再實行這種做法。這對大家來說無疑是壞消息。不過，好消息是，我們仍然可以找到其他方式，以更健康正面的方式重拾這個行為，幫助所有人蓬勃發展。如果我們能找到正確的平衡，以適當的方式結合工作與玩樂，我們就能成為令人愉快的工作夥伴，也能在過程中創造更多樂趣。

15. 沒壞就不要修／如果可以變更好，也許該被打破

我們被告知：「沒壞就不要修」

別因追求完美而止步不前；有用就行；麻煩不找你，就別自找麻煩……如果這樣還不夠明顯，英文有很多詞語和繞口令，都在告訴我們事情只要做到差不多就好。這些話語都源自相同的原則：只要足夠，現況通常就是最佳選擇，試圖改進可能會適得其反，最終只會浪費那些珍貴的時間和資源。

事實：「如果可以變更好，也許該被打破」

Reddit 上某位明智的匿名使用者曾說，如果我們的祖先只修理那些已經壞掉的東西，那可能至今都還在石器時代。我們能擁有溫暖的房子、油電混合車和手持裝置都要感謝那些先驅，他們看到閃電劈在樹上、發現了火，並想到：「生肉還行，但也許火焰能讓肉更美味。」

我們也該感謝那些曾說「也許差不多並不夠好」的人，畢竟創新通常都不是源於修補破損，而是來自嘗試新事物。無論是微小的進化還是偉大的革新，都不是源於接受現狀，而是來自挑戰現狀。

如果我們觀察人類歷史的進程，會發現確實如此；如果我們仔細觀察日常生活，也會發現同樣的道理。開車去上班？那是因為像亨

利・福特（Henry Ford）這樣的人，無視那些堅持馬車作為交通方式已非常足夠的意見，開發流水線模式大量生產福特 T 型車，開創了現代汽車工業。福特曾說過一句名言：「如果我問人們想要什麼，他們會說想要跑得更快的馬。」出門喝杯咖啡只要帶上手機就夠了，因為它同時也是妳的錢包、電腦、相機、照片圖庫、鬧鐘、行事曆、氣象台、計算機、GPS 定位、相簿，甚至電視搖控器。這一切都是因為有人覺得一部隨身電話並不夠。

無論從字面或實際意義上來看，歷史往往是由那些不滿足於現況的人所創造。他們打破我們原本的行事方式，進而改變世界，並讓這些變化永遠翻轉。

商務術語中的「破壞式創新」是指因技術創新而對市場或產業造成的革命性變化，這種現象自古以來一直存在。那些不願或無法適應時代變革的人，往往會落後或被淘汰。達爾文（Charles Darwin）曾說，一個物種的存活與否，往往取決於適應環境的能力，而非單純的力量或智慧。我們也該將這個論點應用至工作中，尤其是現今這個破壞性創新快速發展的時代。

無論規模大小，破壞式創新如今已成為常態，而非例外。在職場上，唯一比工作、公司或整個部門被淘汰的速度更快的，就是取代它們的新工作、新公司和新產業誕生的速度。

在大部分人根本沒注意到情況下，人工智慧（AI）看似一夕之間從科幻走入現實，且變得日益聰明，讓我們互相串連的世界因此變得

更加緊密交織，沒有任何工作、公司或產業能逃過這個即將到來的破壞式創新影響。即使不像 AI 或疫情這樣影響深遠，仍可能會有其他變化，例如管理階層變動、競爭同業崛起、企業併購、停業或收購。改變難以避免，但我們並非無能無力，如果我們準備好迎接並欣然擁抱破壞式創新，我們就能掌握這個持續進化的世界。

說來容易做來難，這完全可以理解。對許多人而言，我們的標準模式就是處在被動狀態，這不是批評，而是事實。因此，當變革來臨時，許多人會選擇逃避。我們往往認為逃避現實比正視某些重大問題的警訊來得容易許多，尤其是問題看似無關生死存亡時，我們更可能會認為不值得立即處理。

然而，短短一瞬間，我們試圖忽略、無視或等待它過去的事物，可能就會成為破壞式創新。如果我們沒有做好準備，這種變革可能會帶來毀滅性的影響。但其實不需要走到這個地步，只要我們保持警覺，這些變革也能帶來機遇，成為引進、指導、生產、建設的時機。我們可以認識新的人、學習新的知識、創造新的事物，甚至建立新的事業。最終，我們也能成為全新的自己。

世界不斷變化，我們不必保持原樣，大多數時間，保持不變通常是最糟的選擇。隨著我們所在的產業、培養的人脈、工作與個人生活的調整，我們必定會面臨許多新的挑戰。然而，只要我們知道要往哪裡看、如何看，也同樣會有無限的機會。

⌒ 我的視角

2004 年喬治・布希（George Bush）當選總統前不久，我也成為USA 電視網的總裁。我的團隊比他的團隊小一些，預算較少，而且我的工作也沒有配私人飛機或專屬廚師。不過，我進辦公室時同樣帶著「上任日行動計畫＊」，而我清單上的第一條就是要改革這個我被委以帶領的公司。

1980 年代有線電視剛興起時就成立的 USA 電視網，在 24 年（也像是經歷 24 個老闆）後集結了各種節目類型，從美國網球公開賽到廣播時代的《邁阿密風雲》（*Miami Vice*）重播，以及 WWF 摔角、老電影、西敏寺犬展，和一些類似《霹靂煞》（*La Femme Nikita*）的新節目。

雖然 USA 電視網有各種節目，讓每個人都能找到喜歡的內容，但卻缺少了一個具有代表性與識別度的特色。儘管如此，當時 USA 電視擁有忠實的觀眾和強勁的收視率，對電視業來說，這樣的表現*還不錯*，沒有明顯的問題。

不過，我知道還可以做得更好。焦點團體的意見告訴我們，對觀眾來說，USA 電視網就像一雙穿久的懶人鞋，基本、舒適且熟悉。

＊ 譯註：上任日行動計畫（Day One Agenda）是指總統上任後，不需通過立法程序就能立即通過行政權力採取的行動，以迅速推動變革。這些行動通常會涉及重大的政策變革，例如美國拜登總統的 Day One Agenda 項目包括重新加入《巴黎氣候協定》以及逆轉某些移民政策。

此外，電視台標誌上的美國國旗所傳遞的「愛國精神」，加上霸氣的全大寫 U-S-A 字母，讓某些人心生反感，覺得這種風格似乎更適合播放政治集會。對我們的觀眾來說，最吸引他們的是美國人民的個性，而我們的目標觀眾群，年齡介於 18 到 49 歲之間，則是樂觀積極、充滿希望的人。

因此，我決定修正一個看似沒有問題的狀況。我的目標聽起來很簡單：為 USA 電視網創造一個品牌，讓觀眾可以產生情感連結，讓它不僅是一個頻道，而是一個讓觀眾有歸屬感的地方，並能讓他們與其中的角色產生共鳴。然而，執行起來卻非常複雜。我們需要找出電視網蘊含的特色，而不僅僅是表面的標語，這個特色必須能貫穿我們多元的內容，並引導我們決策未來的節目選擇。同時，它也必須結合我們對目標觀眾群的深刻理解。

我們面臨的問題與當時其他大多數有線頻道相反。他們專注於吸引特定的小眾族群，例如 MTV 頻道的音樂迷、尼克兒童頻道（Nickelodeon）的兒童觀眾，以及探索頻道（Discovery）的大自然愛好者，他們想要拓展並吸引更廣泛的一般觀眾。我們則是相反，我們希望將一個大型的電視網打造成更個人化，甚至像是私人俱樂部般的氛圍。

可能有人會說，已經有其他幾個綜合型有線電視台或頻道試過這個方法。華納媒體集團旗下電視頻道 TBS 在重塑品牌時，採用「非常有趣」這個標語，試圖成為喜劇的首選；而同集團的有線電視頻道

特納電視網（TNT），則用了「我們瞭解戲劇」這句口號。不過，除了響亮的標語之外，這兩個頻道都沒有真正將他們業務轉型。

我們也準備一試。

其他人都心存懷疑，大多數人不認為我們需要重塑品牌，更別說徹底改造了。畢竟，USA 電視網是值得信賴且可以預期的，就像餐桌上的肉和馬鈴薯一樣。然而，我認為我們需要加入一些芥末和莎莎醬來添加風味及變化，讓我們的頻道內容更加多元有趣。如果我們是一雙穿久的懶人鞋，我希望我們是 Louboutin* 的高跟鞋。還有一些人認為這次變革難以完成，因為他們不禁想，像「USA（美國）」這麼廣泛的概念，要如何打造品牌呢？

我的團隊分析 USA 電視網的熱門原創節目《神經妙探》（*Monk*），並從中獲得一些靈感。這部警察劇由最近因亞馬遜製作的《漫才梅索太太》（*The Marvelous Mrs. Maisel*）而再度走紅並獲得艾美獎的東尼・沙霍柏（Tony Shalhoub）擔綱，飾演極度悲傷、患有強迫症的主角艾德里安・蒙克（Adrian Monk）警探。影評和觀眾都非常喜歡《神經妙探》，這個角色最近在孔雀串流平台的電影中回歸，足以證明他魅力不減。《神經妙探》之所以成功，是因為它以角色為中心，一個可愛、古怪，且絕對稱不上完美的主角，以及能讓人產生

---

* 譯註：Louboutin 是指由當今最出名的鞋履設計師 Christian Louboutin 自創的同名品牌，以紅底高跟鞋聞名。

共鳴的其他角色。這是一部以犀利且機智詼諧的對話來探討嚴肅議題的輕鬆戲劇，充滿樂觀和抱負，不會壓抑沉悶。

這成為我們品牌濾鏡的篩選核心原則：我們決定未來只核准擁有合適的主角類型、結合劇情與幽默，且場景設定明亮陽光的節目。我們也把這種以角色為中心和藍天原則延伸到電視宣傳、廣告看板和紙本廣告。這不僅影響新節目，同時也影響我們包裝及宣傳網球明星、狗明星與摔角選手的方式。

至於 USA 電視網的品牌重塑，我們將 USA 商標重新設計成不那麼呆板且更有趣的樣式，移除國旗，並將大寫字母改為小寫。接著，我們採用能展現品牌精神及親和力的標語：「歡迎有個性的人物」。

這句話可以貫穿《神經妙探》的東尼・沙霍柏、WWE 的冷石・史帝夫・奧斯汀（Stone Cold Steve Austin）、《法網遊龍》的迪克・沃夫（Dick Wolf）、和西敏寺犬展的美麗黃金獵犬（牠在我們的宣傳片中，昂首闊步地走在女子網球傳奇人物比莉・珍・金〔Billie Jean King〕旁邊）這些人物。同時，這也是向觀眾發出邀請：愛妳所愛、對妳感興趣的事情保持好奇心。如果妳是個有趣的人，我們電視網裡可能會有一些吸引妳的內容。如果妳本身就是個有個性的人物，那麼，我們也非常歡迎。

「歡迎有個性的人物」可能是對我職涯最好的註解。

USA 電視網後來成為擁有最多觀眾的有線娛樂頻道，並創下長達 14 年的記錄，也是 NBC 環球集團最賺錢的電視網，賺取數十億美

元，而這項成功讓我最終接任公司整個娛樂事業的管理職位。當我接任這個職位時，USA 電視網和所有受歡迎的角色，帶領有線電視成為 NBC 環球集團全球獲利最多的部門，比當時的新聞頻道、廣播頻道、主題樂園，甚至電影製作和影視事業部門都還要賺錢。

當別人問我是如何辦到的，我會談到我們團隊的合作精神。我們始終保有共識，對於我們要做的事情及其原因非常清楚。我也會提到品牌重塑。即使在觀眾並沒有直接開口要求的情況下，我們仍然可以瞭解觀眾的期望。透過品牌濾鏡發展出來的流程，雖然無法讓我們保證每次都能推出熱門節目，但至少可以大幅減少出錯的可能性，並持續提供觀眾想看的內容，以累積他們的忠誠度與信任。

從我踏進 USA 電視網辦公室的那一刻起，我就注意到我們的基礎並不如想像中穩固。我們沒有因為基礎還沒出問題就置之不理，我的優秀團隊和我主動強化那些看似薄弱的地方，並針對已過時之處加以改革。就像一幢美麗的房子，基礎已經打好，我們的任務就是展現它的個性（雙關語純屬巧合），並確保它能長久發展。

這是場冒險。品牌重塑會耗費許多時間、金錢和精力，這些資源原本可以用在其他地方。要將人們熟悉的東西轉變成全新並改良過的版本，可能會適得其反，既無法累積新觀眾，可能還會失去原本的觀眾。USA 電視網一向以重播節目為主，而我們試圖把它轉型成原創節目的*專屬*頻道。

事後回想起來，我們之所以願意去修補那些看似沒有問題的事

情，有一部分要歸功於當時 USA 電視網及有線電視業普遍的文化。我們像是這個新興行業的新創公司，行事迅速，不斷打破規則，並在過程中再制定新的規則。既然沒有所謂的現狀，也就無需維持現狀。我們無法仰賴尊貴華麗的頻道名稱來吸引觀眾，也沒有龐大的預算可以揮霍在每個節目上。因此，如果我們想製作出受歡迎的節目，就必須採取與傳統廣播電視不同的策略。

就某方面來說，身處產業「邊緣」，讓我們可以從外部視角觀察到其他人可能會忽略的東西。少了背負既定傳統的壓力，我們更願意進行變革，採取不同的行事方式。如果廣播電視的節目失敗了，會承受龐大的負面評論壓力；但如果有線電視的節目失敗了，並不會被注意到，完全沒有負評壓力，就只會消失不見。因此，我們可以嘗試更多冒險，例如採用游擊行銷策略、在節目季中更換角色，或是塑造全新的定位。

無論是新創公司或是新興產業，破壞式創新往往來自比較不具規模或不受重視的美國企業，這是因為他們能察覺現狀裡的漏洞與不足，而這正是我們在 USA 電視網做的事。透過這個過程，我們成功轉型，並顛覆了人們對有線電視、廣播電視及其他電視網的期待。

另一方面來看，那些傳統保守的機構則通常滿足於現狀，顯然現在的運作方式對他們來說是有效的。要在一個為妳帶來成功的體制中找出問題已經很難了，更別說當妳的成功是仰賴現行模式時，想要徹底改變這個體制就更不容易了。

然而，重點是，現狀總是有被擾亂或徹底顛覆的風險，即使我們不去搖晃這艘船，它最終還是會被動搖。如果我們沒有做好準備，就可能會翻船，或者至少會弄得全身濕淋淋，更有可能會在大海中迷失方向，哪怕只是短暫的時間。

這就是 NBC 環球集團最初面對影音串流趨勢的狀況，我們必須重新找到方向。

在 2010 年代初期，NBC 環球集團擁有一些非常受歡迎的電視網和頻道，除了 NBC 廣播電視、USA 電視網、科幻頻道，還有精彩電視台和 E！娛樂電視台，以及負責許多一流的節目的 MSNBC、CNBC 和體育頻道。我們的電影及電視製作也很出色，從各方面來看，我們的表現都非常傑出。過去和現在的經驗都告訴我們，它們未來仍然會保持領先。線性電視（也就是依真實時間觀看的電視，而不是依照自己安排的時間收看的那種）仍是主流，NETFLIX 當時仍屬於小眾，至於提供郵寄 DVD 服務的 Hulu 則還令人有些不明所以。

公司內部當然也有許多關於串流影音的討論，我們是否應該也要投入資源去建置一個我們自己的平台。然而，有更多聰明機智的人抵制這個想法，堅持我們不需要弄亂美好的現狀。對他們來說，任何花在線性電視以外的時間與金錢都是浪費，這些都應該用以維持我們強勢領域中的統治地位。

此外，NBC 環球集團當時和現在都屬於全美最大的有線電視公司之一的康卡斯特，它的獲利模式主要是整合並提供各種頻道給付費

訂閱的觀眾。簡單來說，康卡斯特是靠著銷售那些曾經無處不在但目前愈來愈稀少的有線電視機上盒來賺錢。若 NBC 環球集團推出串流影音平台，即使非出於本意，但可能會因此變相鼓勵觀眾斬斷連結，取消康卡斯特的有線電視服務。很多人認為，投資一個大多數人還不懂的事物並不合理，尤其是它如果成功的話，反而會危及我們現有的生意。至少，它可能會顛覆康卡斯特的核心生意模式。

這不代表我們不知道即將面臨什麼變化，沒有人掉以輕心或麻木不仁，也沒有人忽視各家公司都在發展串流服務的事實。然而，康卡斯特和 NBC 環球集團在當下可以確定的事，以及無法確定且持續變化的未來之間權衡，決定堅守我們瞭解的事物。儘管我和其他幾個資深管理高層在長期策略規劃會議與年度會議上不斷努力遊說，公司還是決定暫緩開發自有串流影音平台。

同時，我們將 NBC 電視網和有線頻道的內容授權給其他串流影音平台。我們擁有大量的內容，集團的大傘下包括各個頻道的節目以及各製片廠的電影。因此，現在無數年輕人看到《我們的辦公室》想到的是 NETFLIX，而不是製作出這個節目的 NBC。同樣地，他們也會將《無照律師》與 NETFLIX 連結，將《諜影迷情》（*Covert Affairs*）和《駭客軍團》與亞馬遜連結，而不是製作這些節目的 USA 電視網。無數觀眾訂閱 NETFLIX 與亞馬遜，還有 Hulu、Apple 和其他平台，因為他們喜歡，甚至沉迷於這些*我們*創造的影集與電影。當然，我們也因為將影音串流授權給這些平台而獲得利益，但是，我們

的訂閱者和觀眾跟著我們提供的內容轉向這些平台，離開了我們。

當NBC環球集團自有的孔雀串流平台終於在2020年3月推出時，已經比NETFLIX推出串流服務晚了13年，那時已經太晚了。我們被NETFLIX、亞馬遜、Hulu和Apple打趴。甚至另一個歷史悠久的媒體公司迪士尼在權衡類似的優缺點後，也比我們搶先跨越這個門檻。對他們來說，問題可能是：「如果我們提供串流影音服務，並且在平台上播放我們的電影，人們是否就不再進電影院了？」

客觀上來看，起初我們擁有數十年累積的原創內容，極具優勢，但我們卻將這個優勢拱手讓人，或者更精確地說，我們把這個優勢賣給顛覆這個產業的公司，同時卻還在無止境的無數會議中反覆討論是否要順應時勢變革。

在那之後幾年，我們加緊腳步彌補失去的時間，大量收復失地。我們審視整體市場情勢，在新舊交替間靈活應對。我們推出了一個附廣告的免費版本，類似傳統電視的觀看體驗，同時也提供可略過廣告的付費訂閱版。在這方面，我們處於領導地位，其他服務最終也跟隨我們的模式。

然而，過去的成功經驗無法保證未來仍能保持領先，整個串流世界依然充滿變革的可能性。作為負責發展與推出串流影音平台的人，我深有體會。我們創立品牌、為其命名並招募創始團隊來讓孔雀串流平台誕生。這絕非易事，我們必須收回已授權出去的原創節目和電影，並且製作新的原創內容來為這個新平台清楚定位。在孔雀串流平

台真正成功且具有價值前，這些任務至關重要。

　　從企業角度來看，我們過於頻繁地討論未來，而不是正面迎接挑戰。相較於冒險投資新事物並追求潛在的回報，我們更重視穩定和營業利潤。

　　這代表當時應該拿重錘去砸線性電視這棵搖錢樹嗎？當然不是。不過我們應該試著同時做兩件事：維持原本在電視世界中的優勢，並對進入全新的串流服務世界保持好奇的態度。不用靠神奇 8 號球 * 告訴我們一個顯而易見的事實：串流影音並不是即將來臨，而是已經存在。觀眾的收看習慣已改變，而我們沒有跟上觀眾改變的速度。我們不一定要引領改變，但至少可以多做一些準備，也讓自己更有競爭力。

　　我深信電視與媒樂產業會持續出現重大變革，如果串流影音是新的 TiVo*，TiVo 是新的有線電視，而有線電視是新的彩色電視⋯那麼，誰知道接下來一二十年還會出現什麼。

　　也許康卡斯特和 NBC 環球集團到最後一刻才投下的大賭注最後會有所回報。顯然，對現今的觀眾來說，串流影音服務已經過度飽和。我們從一起共用高品質內容的節目安排選擇，走向一個內容供應商以指數型成長速度提供數量重於品質內容的未知世界。觀眾和影評都注

---

* 譯註：神奇 8 號球（Magic 8 ball）是一種占卜玩具，預設 20 種答案，是歐美在派對中經常玩的小遊戲。
* 譯註：TiVo 是一款數位電視錄放影機，具有網路連線功能，並配備大容量硬碟及智慧型節目導航功能。相較於傳統錄影機，TiVo 可以直接將節目錄製在機器的硬碟中，錄製時也能快速跳過廣告，並依喜好設定任何想錄製或預錄的節目。

意到這一點。也許我們公司堅守核心本質，專注創作優良的電影與影集，而非僅僅是任何第三方創作的播放平台，最終反而會證明這個決定的前瞻性並帶來優勢；也許我們決定讓產品線更多元化，並將自製節目銷售給其他串流影音平台的做法，也會為我們帶來好處；也許因為人們渴望簡單化和單一訂閱，「有線電視機上盒」的概念能捲土重來，將串流影音服務與線性電視頻道整合銷售；也許傳統媒體能東山再起，重新站上業界頂端。

也許並非如此。2023 年，編劇和演員雙重罷工顛覆了娛樂業，這場罷工主要是由串流媒體帶來的破壞式創新所引發。整個電影、串流影音、電視的娛樂產業，如今也面臨未來 AI 可能引發的巨大外部變革挑戰。沒人知道 2 年、5 年，甚至 10 年後，媒體業會變成什麼樣，沒有人能確定。我們唯一知道的是，這個產業仍將繼續存在，因為人們始終渴望從娛樂中獲得純粹的快樂。

破壞式創新雖然令人不安，但如果我們能以正確的態度看待，而不是恐懼它，它將成為令人振奮的機會，可能會改變我們的生活、所在的產業，甚至整個世界，也有可能顛覆這一切。

ᘒ 搞定它

幾乎可以肯定的是，破壞式創新難以預測。不過，我們不需要等到它對生活造成重大影響時再採取行動。如果我們知道應該往哪裡看以及如何去看，我們就能預測它可能會在何時、何地、為何發生，以

及可能造成的影響。我們可以在它來臨時採取適當的應對，讓那些意料之外的轉折，成為我們從沒想過的機會，而不是我們希望能逃避的可怕夢魘。

所以……

向前看

當工作順利時，我們很容易會陷入舒適、滿足，甚至有點掉以輕心的狀態。如果沒有保持警覺，我們可能會失去原有的優勢。我們的強項會讓自己忽略弱點，成功則會讓我們忘記其實自己距離落後只有一步之遙。即使現在處於領先地位，也要繼續向前看，持續觀察全局，瞭解所有的可能性、所有可行的選項，以及未來可以選擇的所有路徑。

向後看

無論我們自認知道多少，歷史永遠是最偉大的老師，尤其在談到破壞式創新時更是如此。只顧著專注未來，並認為過去落伍而忽略它，雖然這樣的做法很容易讓人接受也能。然而事實是，至少在某些時候，解決未來問題的答案其實隱藏在過去。正如同馬克‧吐溫（Mark Twain）所言：「歷史不會重演，但總有相似之處。」如果我們想知道如何保持領先地位，就必須向後看，並瞭解我們過去的經歷。

看看四周

　　小時候，大人教我們不要在意別人在做什麼，只要專注在自己做的事情上。這是個好建議，但這只適用到某種程度。仔細想想，只專注於自身和自己做的事，不就是自戀的意思嗎？身處在需要人際互動、與其他人合作及競爭的世界（尤其職場），這樣的做法一定會落後於業界的脈動。無知是福，但不是商業策略。看看四周其他人在做什麼，學習朋友和對手採用的創新、方法和技術，這才是關鍵。聽聽業界的各種訊息，跟緊新聞和趨勢，記住與客人、客戶和觀眾互動時的差異與偏好。不要讓妳的世界觀小到只能看見妳自己的世界。

向內看

　　如果我們希望在發生變革時（現在幾乎一直都是）能存活下來並蓬勃發展，比觀察世界更重要的是要認真審視自己。如果即將面臨重大的轉變，而妳發現自己無法接受，用 3 個 A 去自我省思，搞清楚原因：提問（Ask）、回答（Answer）、解決（Address）。

　　首先，問問自己，面對即將到來的變革，妳害怕的是什麼？是什麼讓妳無法迎接這些變革？妳習慣保持一致嗎？覺得自己對於新的系統或科技還沒有做好準備，或是還沒得到足夠的資訊嗎？因為妳的技能可能不再有用、妳的職位可能會過時、妳的工作可能會消失而感到緊張嗎？對自己提出這些問題，也向妳的團隊、公司與產業提出這些問題，並坦誠回答。如果妳無法獨自回答這些問題，就擴大妳的圈子。

最後，正視這些答案。如果妳害怕被裁員，就與老闆展開對話；如果妳缺乏可以轉換的技能，就開始學習能讓妳應用在新產業（或任何最後仍能存在的地方）的新技能；如果妳擔心收入，就開始計畫開支，並弄清楚可以如何補足差距。

無論我們對即將到來的變革有何感受，抗拒它通常是沒有用的，忽視或低估它則可能會更糟。我們可以做的是，*透過克服那些阻礙我們的原因，並充分利用變革*。唯有如此，我們才能真正向前邁進。

向遠處看

妳不需要無止境地在產業裡追逐變革的浪潮，可以選擇前往另一片海灘。在巴瑞・迪勒售出 USA 電視網後不久，他突然打電話給我，這是我與他共事期間從沒發生過的事。他提供我一個工作機會，問我是否願意搬到另一個地方，擔任他投資的約會網站 Match.com 主管。當時我才剛簽了新的電視約，完全不懂線上約會，而且我的孩子還在上學。我的技能可以派上用場嗎？搬家對我的家人來說會不會衝擊太大？我能在巴瑞底下再活下來一次嗎？（第一次經驗非常艱辛）我花了幾天時間考慮這個工作機會，但並沒有拿出應有的態度認真看待它，接著也放棄了這個機會。如果我答應了，我可能會跌得一敗塗地，但也可能會以我無法想像的方式取得成功，畢竟線上約會不就是試圖說出我們最棒、最具力量的故事嗎？就像我在電視業做的事一樣。我可能會賺到幾千萬美元（Match.com 的高階主管拿到的股票市值），

也可能寫下我自己的故事。有時候，面對改變，會讓我們後悔的機會，通常是來自我們沒有接觸過的領域。

有時妳需要一個往新方向前進的推力

在電視業待了 30 年後，NBC 環球集團才華洋溢的研究部門主管決定重新評估她的職涯選擇。（她就是我先前提到經我指導後，在會議中變得更親和的研究部門主管，那也是她職涯起飛的起點。她不僅在工作上發揮巨大的價值，她個人本身也非常令人欣賞。）然而，看著包括她女兒在內的學生因學校的某些情形而掙扎時，她發現自己對心理學和社會工作有極大的熱情。她告訴我，她正考慮回學校進修學位，雖然這對她成功的職業生涯來說，將會是非常巨大的變化及挑戰。我給她的建議很簡單：追求妳的熱情所在。我對她說：「這是妳的黃金十年。如果妳想嘗試新的事物，就放手去做。」她去做了，也投入一個全新的事業，我等不及想看她職涯的下一個篇章。

看光明面

我在這本書裡不斷宣揚樂觀，因為樂觀就是如此重要。雖然隨時做好最壞的打算是件好事，但保持正面假設對我們的心靈與職涯前景也非常有幫助。很少人知道正面思考有助於我們在經歷轉變時存活下來，尤其面臨職場變革時更是如此。突然發生變化時，人們會受到那些不把情勢視為災難，並能指出所有潛在正向機會的人吸引。因此，無論妳是老闆還是員工，都成為那樣的人吧。

妳不需要粉飾變革中可能會令人難以接受的部分，那些事情確實

存在，我不否認。不過，正如每個故事都是一體兩面，生活中的每個轉變也至少會有兩個面向，即使是意料之外的轉變也是如此。如果妳可以看向光明面，妳就會發現變革的另一面也蘊含著好處。一直都是如此。

◌ 結語

變革來臨時可能會令人害怕，但它就像我們呼吸的空氣一樣，是生活中非常重要的部分，我們必須學著與它共存。擁抱變革不會讓我們窒息或阻礙我們，但如果試圖摒住呼吸或抵抗它就會讓我們無法生存。因此，讓自己自然地呼吸，睜開雙眼看看前方可能有什麼變化，敞開胸懷去接受那些可能讓妳感到不安的事，試著安然面對不適。雖然當下看起來可能並非如此，但最終，這才是讓我們能繼續向前邁進的方式。

16. 生活中唯一如常的就是改變

|

重要事實：「生活中唯一如常的就是改變」

我這一生都在奮力對抗那些隱藏在日常生活陳腔濫調與標語中極具殺傷力的謊言（我也花了前 15 章的篇幅在做這件事），不過，我還沒提到一句我無法拆解的格言，因為它無庸置疑：改變真的是唯一如常的。

對抗生活中任何的改變，尤其是職場上的變化，都將是無用功。無論我們的職級、年齡、薪資為何，最終都要面臨這些變化。問題是變化*何時來*，而不是*是否會來*。

我的職涯就是證明。從節目內容、觀看的地點、收看的管道、甚至是否需要付費（如果要付，又是付給誰）等各個面向來看，現在的電視世界都與我剛踏入電視業工作時幾乎沒有相似處。當時，串流這個字的意義只是水流的一部分。過去 30 年，我經歷了 6 次企業整併，換過 8 個不同的老闆（他們大部分都叫傑夫或史帝夫）。每次經營權或管理層變動，我不僅會被指派新職位和工作職責，也需要在新潮流裡以全新的規則航行。只要我進入舒適區，同樣的事就會再來一次。而每一次，如果不奮力向前游，就會沉沒其中。

巧的是，當我在寫最後這一章的時候，類似的情況再度發生。與

我共事 11 年的 NBC 環球集團總裁突然在某個週日早上被開除了，這被稱為「電視史上最令人震驚的一天」的事件，成為全天候新聞循環的一部分：3 個媒體巨擘分別被 3 個不同的媒體集團放棄，留下 3 個巨大的爛攤子。我再一次艱難地應對當前的混亂局勢。我沒辦法預料到這個情況。幸好，我這一輩子都在*因應*各種情勢變化，並轉化為自身的經驗，而不是逃避變化。我會迎接新的情勢，將它視為我的新現況，並迅速做好調整，不會沉溺於思考「如果當初……」的各種假設情況。

然而，還有第三種選擇：我們可以主動迎向變革，不需要等到變革來臨，影響我們的生活時才採取行動，也不必出於恐懼而因應。

我在這本書前面的內容有談到掌握機會的重要性，如果我們主動迎向變革，就能自己創造機會。我相信這並非偶然，如果妳以些微不同的角度去看待變化，或是瞇起眼睛來調整觀點，就會發現許多機會。用正確的態度看待，改變就會是做得更好、做得不同，並且做得更多的機會。

如今，身為 NBC 環球集團（年齡和經歷）最資深的女性之一，我再度面臨變革。我常開玩笑說，我們的社會與其說是厭惡年齡，不如說是對多年經驗所累積的智慧抱有偏見。然而，正是這份智慧讓我走到今天。它推動我不斷前進，邁向下一個絕佳機會或未知的冒險旅程，而我會繼續掌握主導權。如果我把時間浪費在回首緬懷過去，只會讓我脖子痛罷了。所以，我只會望向前方的無限機會與可能性。

當我探索旅程的下一站時，我發現那些在職涯與生活變革時期曾幫助過我的建議再度派上用場。這也是我在面對各種變化時該如何準備並從中成長的建議。簡而言之，也就是這本書的建議。一如人生，每個篇章都是旅程重要的一部分，我們應該要全心擁抱它們。

所以……

瞭解自己，包括妳的強項和弱點，以及驅動妳的動力。無論妳想前往何處，這都應該是妳的起點。

持續學習並關注他人與世界，保持好奇心會讓旅程更加豐富。

對旅程中的意外機會保持開放的態度，妳永遠無法預料「好運」何時會降臨。

明白職業價值會有起伏，但仍可以透過努力來提升自己的價值。

讓妳的身邊充滿支持鼓勵妳的夥伴和讓妳保持敏銳的挑戰者，這兩者對妳職涯的每個階段都非常重要。

無論內在或外在，都要做最好的自己。人們第一次見到妳的印象，往往就是他們對妳最初的認識。

明白妳無法擁有一切，因為沒有人可以做到，但現代女性擁有過去從未有過的選擇。坦誠評估妳的選項，做出最適合妳的選擇。

假裝無法走得長遠。無論是面對妳的不安還是缺點，誠實永遠都是上策。

如果妳想在男性世界中立足，擁抱妳的女性特質，善用妳的 XX 因素來向前邁進。

如果妳需要別人的幫助或建議，就大方開口。善用妳的聲音去培養出讓別人願意幫助妳的語氣，同時別忘了要真誠傾聽。

如果覺得有些事情難以達成，在放棄之前，先展現一些 chutzpah。

如果妳真的遇到阻礙，記住妳有不止一個方向可選擇，別怕 Z 字型前進。

如果妳的直覺告訴妳該繼續前進，跟著感覺走之前，先以其他感官確認一下。直覺很美好，但光靠直覺是不夠的。

重視每一件小事，因為這些小事終會累積成大事。

瞭解勝利不代表一切，懂得如何面對失敗才是關鍵。以正確的態度面對失敗，就能將失敗轉化為成功。

不要害怕將工作與玩樂結合，職場中的樂趣和友誼能讓工作表現更好。

重視好意，保持謙虛，學會自嘲，做一個妳自己也想親近的人。

永遠、永遠、永遠保持樂觀。這會讓一切變得更輕鬆，也能讓生活更加愉快。

記住，如果妳拒絕面對改變，改變才會變得可怕。

我這一生都在電視業工作，而電視的核心就是一個說故事的平台。但有一件事，我認為大多數人都沒想過：我們的生活也是一個說故事的平台，如果我們能加以善用，我們的生活故事也會變得比電視上的任何故事更有趣、更真實，也更有意義。

我用了 15 章來分享我的故事，不知道妳的故事會如何展開，因為我無法預測出每個妳可能會面臨的挑戰：工作調整、新老闆、家庭風暴，或另一個疫情。同樣地，我也無法預測那些可能會出現在妳生命中的機會：接到工作邀約、建立重要人脈、在正確時機處於適當的位置可能會改變妳的一生。我希望這本書能為妳提供所需工具、真相及態度，讓妳能掌握妳的故事，自己寫下人生的下個篇章。一旦妳去做了，我相信妳能創造出比任何節目或書本更有意義的職涯與生活。

　　我非常確定，也持續在創造我自己的故事！這才是真相！

致謝

|

我們被告知：「舉全村之力……」
事實：「遠超過全村之力……」

⨌ 我的視角

　　這本書的誕生，仰賴許多相互關聯、關心彼此、和善且互相合作的團隊，從支持、創作、編輯、設計、市場行銷、發行，甚至僅僅是度過寫作過程的挑戰，更別提最初要說服大家參與這個過程。

　　這一切的基礎源自我深愛、無私付出、支持我且耐心十足的家人，忍受我在寫作這本書時無窮無盡的偏執，並一如既往地為我加油打氣。特別感謝：睿智且非常關愛我的丈夫戴爾，即使他經常因為我的電腦而退居次位，但他對我的支持始終如一。他的觀點、見解和批評，激勵我不斷追求更高的標準。

　　我的兒子傑西，他大方地逐字閱讀並評論了企劃案，協助編輯第二版書稿，一如既往地保持專注、聰明、洞見和幽默，以他獨特的風格，毫不留情地批評我（或至少是我的文字）。而他的太太伊麗莎白，她非凡的魅力、正面能量和領導力，啟發了書中一些想法的誕生。

　　雖然由於我們彼此相距 6,700 哩且有 14 小時的時差，沒有要求

她「閱讀細節」，但我仍然非常感謝女兒米凱（Ki Mae）與我分享她的想法，我們多年來有意義且充滿樂趣的「母女悄悄話」，讓這本書和我的生活都更加豐富多彩。最重要的是，女兒、羅（Ro）、馬雅（Maya）和尼克（Niko）帶給我無比的喜悅。

⌒ 搞定它

接著，我廣大的專業夥伴，他們的工作、智慧與耐心，推動我走到現在，並寫下這些由衷的感謝辭。

喬丹娜‧納林（Jordana Narin）：才華洋溢的年輕人，她在腦力激盪、琢磨和篩選想法時給予難以估計協助。我相信，她富有挑戰性的思維與天賦技藝將會帶領她登上無窮的高度。

莉蕊克‧溫尼克（Lyric Winik）：文字大師，在不減損任何語氣、內容、清晰度的情況下，將我超過 95,000 字的原稿精煉至 80,000 字。她教會我很多，至今我仍在向她學習。賓琪（Binky），謝謝妳將莉蕊克帶進我的書，更重要的是，讓她踏入我的生活。

說到賓琪，也就是指阿曼達‧厄本（Amanda Urban），她是作家經紀女王，直言不諱（她的說法）、毫不矯情（我的說法），多年來一直鼓勵我寫作。賓琪是這本書得以問世的關鍵人物。在 CAA（Creative Artists Agency，創新藝人經紀公司），布萊恩‧盧德（Bryan Lord）不僅鼓勵我寫這本書，更引導我擁抱自己的聲音。賓琪和布萊

恩也慷慨地與我分享凱特‧柴爾德（Kate Child）與克莉絲汀‧蘭斯曼（Christine Lancman）這些優秀人才。

在知名的西蒙與舒斯特（Simon & Schuster, S&S）出版社中，我的發行人理察‧羅勒（Richard Rhorer）接受這本書的理念，從第一次會議開始，我便信任他的判斷。尤其是我睿智的編輯，聰明、具合作精神且才華洋溢的多麗絲‧庫柏（Doris Cooper），她現在不僅是我的編輯，也是我的朋友。此外，還有 S&S 旗下西蒙‧艾勒門（Simon Element）出版品牌的行銷公關團隊主管伊莉莎白‧布里登（Elizabeth Breeden）和潔西卡‧普里格（Jessica Preeg），他們從一開始就非常支持我。

特別感謝卡莉‧羅曼（Carly Loman）創造出美麗、乾淨、出色的設計，完美呈現文字與訊息。也要感謝傑森‧霍爾茲曼（Jason Holzman）和瑞秋‧古格爾（Rachel Gogel）提供出色的封面建議。

深深感謝機智又有才華的妮可‧杜威（Nicole Dewey）；我信任的媒體高手，自信有才華的西蒙‧豪爾斯（Simon Halls）；不可或缺且充滿活力的柯里‧希爾茲（Cory Shields），一個妳在困境中最想擁有的靈魂人物；以及 NBC 環球集團的明星人物，也是我的好朋友崔西‧皮耶（Tracy St. Pierre），從過去至今，一直協助我應對媒體。

法律界的頂尖專家克雷格‧雅各布森（Craig Jacobson）為我提供超過 20 年的專業法律諮詢，謝謝妳在我需要時永遠都在，更重要的是，作為朋友一直陪伴我。

在這個過程中，我從蒂娜·布朗（Tina Brown）、雀兒喜·柯林頓（Chelsea Clinton）和亞當·格蘭特大量的建議中獲益良多。當然，也要向我最喜愛的嚴厲導師巴瑞·迪勒致敬，他不斷挑戰我、激發我的潛力，並一直支持我，讓我活出價值。直到現在，巴瑞的話對我來說仍是重要的動力。

隨著我逐漸意識到有這麼多人物（永遠歡迎有個性的人物）對我的生活、職涯以及這本書做出了貢獻，我的圈子變得愈來愈廣泛，也日益豐富且包容。從我早年在波士頓公共電視台的日子開始，才華洋溢的麥可·萊思（Michael Rice）和亨利·貝克頓，以及《早安！》全女性製作以及導演團隊，讓我職涯早期就學會，真正的合作是什麼感覺，以及如何運作以獲得成功。特別感謝黛比·柯恩·可索夫斯基，她當時是個年輕，帶著燦爛笑容、勇於「問問看」，很有前途的製作人，如今已成為《今日秀》招牌人物，也是我忠誠的朋友、慷慨的女神，我一輩子的好姐妹。

致我在有線電視發展初期的導師們：凱·科普洛維茲、史帝夫·布倫納、戴夫·科寧和羅德·伯斯。那是一段狂野又有趣的旅程。NBC 環球集團裡，感謝激勵人心且忠誠的主管傑夫·佐克，將 USA 電視網託付給我，並從我在他麾下工作的那一刻起就相信我。致史帝夫·伯克（Steve Burke），感謝他信任我能管理其他有線電視台，並負責推出孔雀串流影音平台，以明確直接的方式帶領我們。我也非常感謝娛樂圈裡的許多同事：編劇、導演、演員、製作人、節目統籌，

以及所有螢光幕前後的所有夥伴，感謝妳們創造優秀的作品，讓我能夠近距離欣賞與體驗。

我也非常感謝多年來那些有才華、忠誠與努力工作的無敵助理們，有他們的支持，讓我每天都能發揮最佳狀態。特別感謝一路陪伴我走過這趟旅程的唐娜·麥高文（Dona McGowan），她不僅兼顧日常的「白天」工作，還額外付出「全天候」心力，協助我處理這個專案的每個細節。妳真是上天恩賜的禮物。

⟿ 結語

無論是生活中還是工作中，世上最美好的地方都是妳能找到朋友的地方。雖然擺在最後但絕非最不重要的是，我遍布全國的摯友們，以及在康乃狄克州韋斯特波特當地的夥伴，他們鼓勵我寫出這本書，有些朋友甚至慷慨地幫忙閱讀、評論、編輯、討論、指導，並始終支持這本書完成。

致毛毛鳥五人組（*Flossie Bird Five*），我從 1961 年起的 4 位室友，他們讓我在年幼的時候就學會什麼是真正的團隊合作、信任、忠誠、承諾、樂趣，和友誼。

最後，致波希（Bodhi）和里莎（Risa），這兩位總是在床上、書桌下、和浴室門口陪伴我的毛夥伴，無論時間多晚或我「累得像狗一樣」，都讓我感到不孤單。狗狗確實是人類最好的朋友……這絕對是真的！

文獻來源

3：結交比妳強的朋友／在各處尋找願意對妳說實話的人

1. Grace Winstanley, "Mentoring Statistics You Need to Know—2023," Mentorloop. com, February 15, 2023.

4：內在最重要／外在同樣重要

1. Eric Wargo, "How Many Seconds to a First Impression?" Association for Psychological Science, July 1, 2006.

2. Albert Mehrabian and Susan Ferris, "Inference of Attitudes from Nonverbal Communication in Two Channels," *Journal of Consulting Psychology* 31, no. 3 (1967).

5：妳可以擁有一切／妳可以擁有選擇權

1. Population Reference Bureau analysis of data from the US Census Bureau, *Current Population Survey* (March Supplement), 1970 to 2000; and Howard N. Fullerton Jr., "Labor Force Participation: 75 Years of Change, 1950–98 and 1998–2025," *Monthly Labor Review* (December 1999).

2. Oksana Leukhina and Amy Smaldone, "Why Do Women Outnumber Men in College Enrollment?" *On the Economy* (blog), Federal Reserve of St. Louis, March 15, 2022.

6：假裝它直到妳成功／面對它直到妳成功

1. Paul Knopp and Laura M. Newinski, "KPMG Study Finds 75% of Female Executives Across Industries Have Experienced Imposter Syndrome inTheir Careers," KPMG, October 7, 2023.

2. Katty Kay and Claire Shipman, "The Confidence Gap," Atlantic, May 2024.

3. Pauline Rose Clance and Suzanne Imes, "The Imposter Phenomenon in High Achieving Women: Dynamics and Therapeutic Intervention," *Psychotherapy Theory, Research and Practice* 15, no. 3 (Fall 1978).

7：這是男人的世界／除非妳讓它如此

1. Leonard Sax, "Sex Differences in Hearing: Implications for Best Practice in the Classroom," *Advances in Gender and Education* 2 (2010).

2. C. Dawson, "Gender Differences in Optimism, Loss Aversion, and Attitudes towards Risk," *British Journal of Psychology* 114, no. 4 (2023).

3. Michael Brush, "Here's Why Women Fund Managers Regularly Outperform O Men, Based on Newer Research: It's Not about Risk Aversion, which Older Studies Have Concluded. It's More about Decision-Making Skills,"CBS MarketWatch, October 23, 2020.

4. Michal Shmulovich, "What the Mossad's Female Agents Do—and Don't Do—for the Sake of Israel," *Times of Israel*, September 15, 2012.

5. Judith A. Hall, "Gender Effects in Decoding Nonverbal Cues," *Psychological Bulletin* 85, no. 4 (1978).

6. Megan Brenan, "Americans No Longer Prefer Male Boss to Female Boss,"Gallup Workplace, November 16, 2017; Pat Wechsler, "Women-Led Companies Perform Three Times Better than the S&P 500," *Fortune*, March 3, 2015; Jack Zenger and Joseph Folkman, "Research: Women Are Better Leaders During a Crisis," *Harvard Business Review*, December 20, 2020; and Kimberly Fitch and Sangeeta Agrawal, "Why Women Are Better Managers than Men," *Gallup Business Journal*, October 16, 2014.

7. Rakesh Kochhar, "The Enduring Grip of the Gender Pay Gap," Pew Research Center, March 1, 2023.

8. Andrew M. Penner et al., "Within-Job Gender Pay Inequality in 15 Countries," *Nature Human Behavior* 7 (November 24, 2022).

9. Sara Silano, "Women Founders Get 2% of Venture Capital Funding in US," Morningstar, March 6, 2023.

8：說話不需要成本／說話是珍貴的貨幣

1. Gil Greengross and Geoffrey Miller, "Humor Ability Reveals Intelligence, Predicts Mating Success, and Is Higher in Males," *Intelligence* 39, no. 4 (2011).

2. T. Bradford Bitterly et al., "Risky Business: When Humor Increases and Decreases Status," *Journal of Personality and Social Psychology* 112, no. 3 (2017).

10：唯一的出路是向上／成功有很多方向

1. Herminia Ibarra and Morten T. Hansen, "Women CEOs: Why So Few?" *Harvard Business Review*, December 21, 2009.

11：相信直覺／確認直覺

1. Adam Hadhazy, "Think Twice: How the Gut's 'Second Brain' Influences Mood and Well-Being," *Scientific American*, February 12, 2010; and Yijing Chen et al.,"Regulation of Neurotransmitters by the Gut Microbiota and Effects on Cognition in Neurological Disorders," *Nutrients* 13, no. 6 (June 19, 2021).

2. Ruairi Robertson, "The Gut-Brain Connection: How It Works and the Role of Nutrition," Healthline, July 21, 2023.

13：贏家全拿／勝利不代表一切

1. Anne Fausto-Sterling et al., "Multimodal Sex-Related Differences in Infant and in Infant-Directed Maternal Behaviors during Months Three through Twelve of Development," *Developmental Psychology* 51, no. 10 (October 2015).

2. Carolyn Edwards et al., "Play Patterns and Gender," Faculty Publications, Department of Psychology, University of Nebraska–Lincoln, 2001.

3. Emily Mondschein et al., "Gender Bias in Mothers' Expectations about Infant Crawling," *Journal of Experimental Child Psychology* 77, no. 4 (2000).

4. Karolina Boxberger and Anne Kerstin Reimers, "Parental Correlates of Outdoor Play in Boys and Girls Aged 0 to 12—A Systematic Review,"*International Journal of Environmental Research and Public Health* 16, no. 2 (2019).

5. Daniel Voyer and Susan D. Voyer, "Gender Differences in Scholastic Achievement: A Meta-Analysis," *Psychological Bulletin* 140, no. 4 (2014).

6. Claudia Goldin, "Gender and the Undergraduate Economics Major: Notes on the Undergraduate Economics Major at a Highly Selective Liberal Arts College," Harvard University, notes, April 12, 2015.

14：不要把工作和玩樂混為一談 / 只工作不玩樂讓人變笨

1. Alexander Sterling, "Employees Spend Almost 30% of Their Time at Work,"Manage Business, November 15, 2023; Bob Nelson, "Why Work Should Be Fun," *Harvard Business Review*, May 2, 2022; and Ruth Umoh, "This Study Identified the 5 People That Make Up a 'Work Family'—Which One Are You?" CNBC.com, December 14, 2017.

2. Alok Patel and Stephanie Plowman, "The Increasing Importance of a Best Friend at Work," Gallup Workplace, August 17, 2002.

3. Karen Jehn and Priti Pradhan Shah, "Interpersonal Relationships and Task Performance: An Examination of Mediation Processes in Friendship and Acquaintance Groups," *Journal of Personality and Social Psychology* 72, no. 4 (1997).

4. "The Business Case for Addressing Loneliness in the Workforce," news room.cigna. com; and Michelle Cleary et al., "Boredom in the Workplace: Reasons, Impact, and Solutions," *Issues in Mental Health Nursing* 37, no. 2 (2013).

5. Brian Brim and Dana Williams, "Defeating Employee Loneliness and Worry with CliftonStrengths," Gallup CliftonStrengths, April 21, 2020.

6. Lindsay McGregor and Neel Doshi, "How Company Culture Shapes Employee Motivation," *Harvard Business Review*, November 25, 2015.

7. Leanne Italie, "Gallup: Just 2 in 10 US Employees Have a Work Best Friend," Associated Press, February 7, 2023; Dina Denham Smith, "What to Do When You Don't Trust Your Employee?" *Harvard Business Review*, August 17, 2023; and Jim Harter, "US Employee Engagement Drops for First Year in a Decade," Gallup Workplace, January 7, 2022.

8. Kaori Sakurada et al., "Associations of Frequency of Laughter with Risk of All-Cause Mortality and Cardiovascular Disease Incidence in a General Population: Findings from the Yamagata Study," *Journal of Epidemiology* 30, no. 4 (2020); and Solfrid Romundstad et al., "A 15-Year Follow-Up Study of Sense of Humor and Causes of Mortality: The Nord-Trondelag Health Study," *Psychosomatic Medicine* 78, no. 3 (April 2016).

國家圖書館出版品預行編目（CIP）資料

職場女性必須知道的 15 個謊言：美國最有權力女企業家顛覆傳
統職場智慧，獻給妳一生受用的諫言／ Bonnie Hammer 作；倪
娗琪譯 .-- 初版 .-- 臺北市：墨刻出版股份有限公司出版：英屬
蓋曼群島商家庭傳媒股份有限公司城邦分公司發行, 2024.12
　　面；　　公分
譯自：15 lies women are told at work : ... and the truths we
need to succeed
ISBN 978-626-398-147-8（平裝）

1.CST: 職場成功法 2.CST: 女性

494.35　　　　　　　　　　　　　　　　113017919

墨刻出版 知識星球 叢書

職場女性必須知道的 15 個謊言：
美國最有權力女企業家顛覆傳統職場智慧，獻給妳一生受用的諫言
15 Lies Women Are Told at Work: …And the Truth We Need to Succeed

作　　　　者	邦妮‧漢默 Bonnie Hammer
譯　　　　者	倪娗琪
責 任 編 輯	林宜慧
美 術 編 輯	李依靜
行 銷 企 劃	周詩嫻

發 行 人	何飛鵬
事業群總經理	李淑霞
社　　　長	饒素芬
出 版 公 司	墨刻出版股份有限公司
地　　　址	115 台北市南港區昆陽街 16 號 7 樓
電　　　話	886-2-2500-7008
傳　　　真	886-2-2500-7796
Ｅ Ｍ Ａ Ｉ Ｌ	service@sportsplanetmag.com
網　　　址	www.sportsplanetmag.com

發　　　行	英屬蓋曼群島商家庭傳媒股份有限公司城邦分公司
	地址： 115 台北市南港區昆陽街 16 號 5 樓
	讀者服務電話： 0800-020-299
	讀者服務傳真： 02-2517-0999
	讀者服務信箱： csc@cite.com.tw
	城邦讀書花園： www.cite.com.tw

香 港 發 行	城邦（香港）出版集團有限公司
	地址：香港灣九龍土瓜灣土瓜灣道 86 號順聯工業大廈 6 樓 A 室
	電話： 852-2508-6231
	傳真： 852-2578-9337

馬 新 發 行	城邦（馬新）出版集團有限公司
	地址： 41, Jalan Radin Anum, Bandar Baru Sri Petaling, 57000 Kuala Lumpur, Malaysia
	電話： 603-90578822
	傳真： 603-90576622

經 銷 商	聯合發行股份有限公司（電話： 886-2-29178022）、金世盟實業股份有限公司
製　　　版	漾格科技股份有限公司
印　　　刷	漾格科技股份有限公司
城 邦 書 號	LSK015

ＩＳＢＮ 978-626-398-147-8（平裝）
ＥＩＳＢＮ 9786263981485（EPUB）
定價NTD490
2024 年 12 月初版

15 LIES WOMEN ARE TOLD AT WORK: …And the Truth We Need to
Succeed
Copyright © 2024 by Bonnie Hammer
Complex Chinese translation copyright © 2024 by Mook Publications
Co., Ltd.